Smart Bot Says: Using light to detect and chart organ statistics is called photoplethysmography, or PPG
HIGH
LOW
ATMEGA328
Sylvia's
SUPER-AWESOME
Mini
MAKER SHOW!
LoL Shield v1.5

AF893975

Sylvia présente :

Super Projets Arduino

Édition originale © 2014 Constructing Modern Knowledge Press (sous le titre *Sylvia's Super-Awesome Project Book Volume 2: Super-Simple Arduino*)
Édition française publiée en accord avec Constructing Modern Knowledge Press par © Éditions First, un département d'Édi8, 2017
12, avenue d'Italie 75013 Paris, France • Tél. 01 44 16 09 00 • Fax 01 44 16 09 01 • E-mail : firstinfo@efirst.com • Web : www.editionsfirst.fr

ISBN : 978-2-412-02389-1
Dépôt légal : mars 2017
Imprimé en Espagne

Tous droits réservés. Toute reproduction, même partielle, du contenu, de la couverture ou des icônes, par quelque procédé que ce soit (électronique, photocopie, bande magnétique ou autre) est interdite sans autorisation par écrit de l'éditeur.

Conception, maquette et textes originaux : « Super-Awesome » Sylvia et James Todd.
Traduction de l'anglais : Olivier Engler
Illustrations de Sylvia Todd. Photos de Christian Koszka (FreeTimePro.com) et James Todd. « Pigeons in Flight » (HEE-NC-65002) © 2010 MIT, avec l'autorisation du MIT Museum.
Remerciements spéciaux à Gary Stager et Sylvia Martinez pour leur soutien et leur aide dans la réalisation de ce projet.

Un énorme merci également à mes parents et à tout le reste de la famille pour leur présence à mes côtés quand je m'arrachais les cheveux.

Pour tous les adolescents curieux, y compris ceux qui sont entre temps devenus des adultes !
Ce livre appartient à :

SOMMAIRE

Tu peux commander un kit avec tous les composants des trois projets de ce livre sur le site **vdram.com** en cherchant le produit « Kit Sylviarduino ».

Salut ! Je m'appelle Sylvia. À 8 ans, j'ai créé la chaîne YouTube *Sylvia's Super-Awesome Maker Show* pour pousser les bricoleurs curieux de tous âges à fabriquer des trucs. Je suis une jeune ado comme toi et j'ai trois petits frères et sœurs. J'adore dessiner, lire, écrire et construire des choses.

Grâce à mes inventions, j'ai été invitée à la Maison Blanche (par deux fois), à Londres, Rome et au siège des Nations unies en Suisse ! J'adore animer des ateliers et donner des conférences dans les salons et les écoles.

Ce livre te propose de réaliser trois projets fort simples que j'ai préparés avec mon père pour te donner envie de t'y mettre, toi aussi. Que tu sois totalement débutant(e) ou ingénieur en herbe, tu n'as aucune raison d'hésiter puisqu'il ne te faut quasiment qu'une carte Arduino et ton ordinateur. (Et la fin de chaque chapitre donne des pistes pour aller plus loin.)

Les deux premiers projets du livre peuvent être visionnés sur YouTube. Cherche « Super-Simple Arduino Episode 3 » (ou sur sylviashow.com/arduino). C'est en anglais, mais certaines images sont pratiques. Profites-en pour parcourir les autres épisodes.

Dans tous les cas, en avant dans la découverte !

SA Sylvia

LES GRANDS PRINCIPES

Tes amis robots

Au long de ce livre, tu vas rencontrer plusieurs robots qui vont te donner des conseils ! Faisons connaissance :

RoboMalin

Comme son nom l'indique, ce robot est du genre futé. Il sait expliquer comment fonctionne quelque chose ou te prévient si une opération présente un danger. Lis bien ce qu'il va te dire, pour devenir encore plus malin(e) !

RoboDoc

En voici un qui aime expérimenter. Quand il prend la parole, prépare-toi à découvrir des faits scientifiques ou des idées d'expériences à mener.

RoboBricolo

Lui, c'est le bâtisseur. Il adore manier son tournevis, son fer à souder et ses pinces pour démonter et remonter autrement. Il prend la parole dès qu'il s'agit de construire quelque chose ou d'utiliser des outils.

RoboCodeur

Dans la famille robot, voici le matheux ! Celui-ci adore la logique, la programmation et veut faire fonctionner les appareils. Quand il parle, c'est pour expliquer quelque chose qui a trait au codage et au calcul.

RoboArtiste

L'artiste de la famille. Il adore manier pinceaux et crayons, et aime créer de jolies choses avec du papier ou du tissu. Tu le rencontreras chaque fois qu'il faudra faire preuve de créativité !

RoboBestioles

Dès que tu sens que tu es un peu moins intéressé(e) par le livre, cherche les RoboBestioles ! Elles sont là pour détendre l'atmosphère. Et leur bonne humeur est communicative.

Et pendant ta lecture, garde un œil sur d'autres amis robots prêts à t'aider à tracer ton chemin !

Un Arduino, c'est quoi ?

Arduino (ou Genuino) est un circuit électronique programmable, une plate-forme de prototypage. C'est un vrai petit ordinateur qui peut devenir le cerveau d'un robot, ou de tout autre automate qui réagit au monde extérieur. Surtout, il ne coûte pas cher ! Pour le prix d'un mois de forfait illimité, tu peux devenir propriétaire de cette petite carte bleutée et de son univers open source. Il suffit de lui expliquer quoi faire en y chargeant un programme, et en avant pour de fantastiques découvertes (et tu n'as même pas besoin au départ d'apprendre à écrire le programme) !

Uno

Esplora

Due

Arduino, c'est toute une famille de cartes contrôleurs, des plus petites à insérer dans un vêtement aux plus puissantes avec plein de connexions (on en voit trois ci-dessus). Seules les cartes de couleur bleue sont les officielles, mais il en existe beaucoup d'autres, normalement compatibles Arduino, comme la RedBoard. Elles fonctionnent exactement pareil, mais sont fabriquées par d'autres entreprises. Dans ce livre, je te conseille d'opter pour une vraie Arduino ou Genuino, dans le modèle le plus utilisé, Arduino Uno.

Une fois la carte Arduino achetée, encore faut-il savoir que faire avec. J'ai rencontré des gens qui la laissent dormir dans un tiroir. Quel dommage ! Alors qu'en quelques secondes , on trouve des tonnes d'idées créatives sur le Web pour Arduino : des robots qui marchent, des instruments de musique, et même des jeux d'arcade ! Tout autour de la planète, des milliers de passionnés ont rejoint la communauté Arduino et publient leurs projets. La plupart peuvent être réalisés chez soi avec quelques composants, et le code source des programmes est souvent *open source*, donc gratuit et modifiable. Une fois que le projet fonctionne, tu peux donc l'améliorer et le transformer à ta guise.

Découvre ta carte Arduino

Cette carte électronique pourrait *t'intimider* au premier regard, mais tu verras vite que c'est **ton amie**. Tous les contacts en entrée et en sortie sont dans un format standard et vont tous vers le microcontrôleur (le gros rectangle noir au milieu en bas). Dès que tu branches quelque chose, tu obtiens un résultat. Il y a aussi un port USB pour relier la carte à ton ordinateur (ce qui simplifie la configuration !). Et si tu as besoin d'aide, le Web est là, notamment le site officiel Arduino (**arduino.cc**).

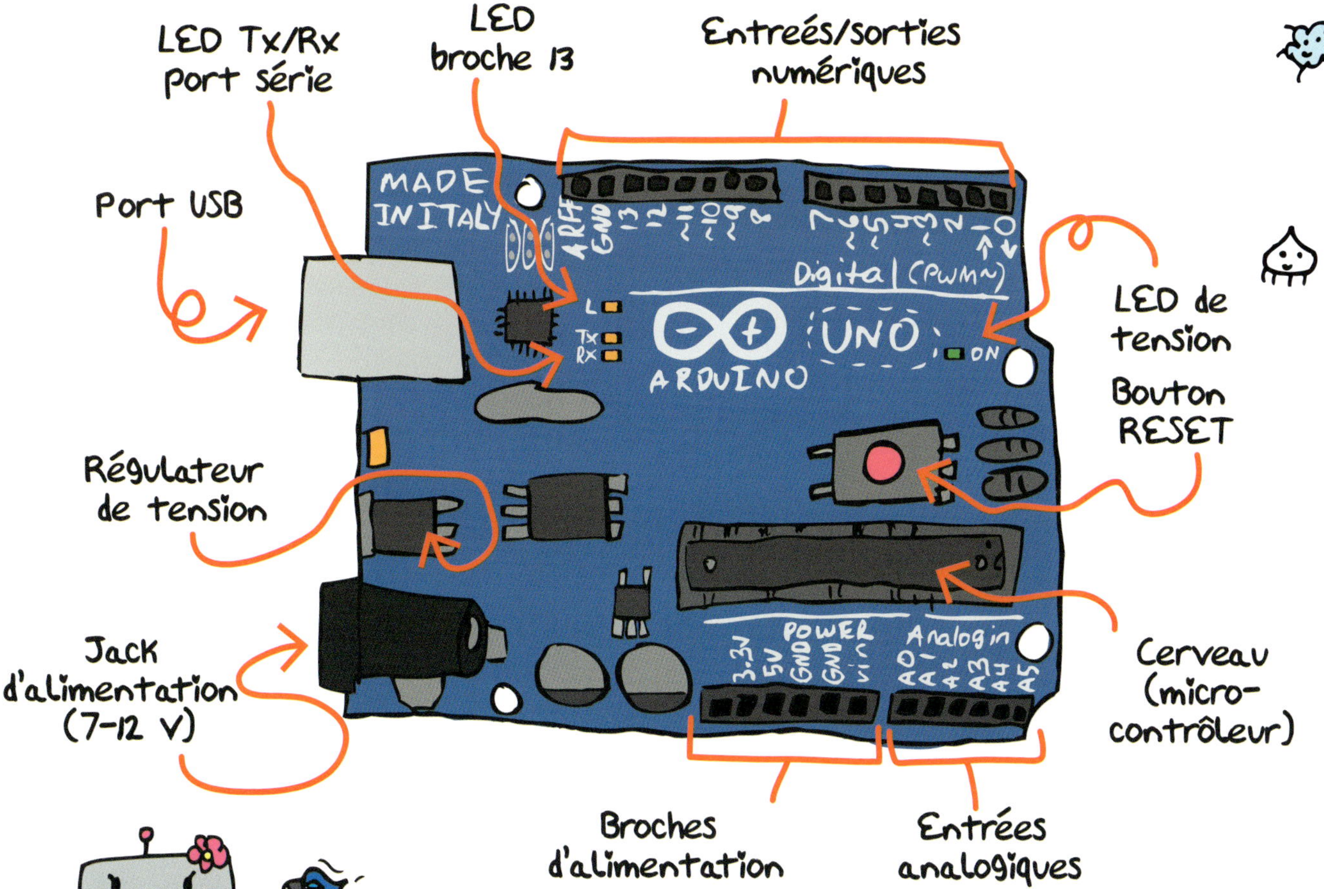

Avec ton Arduino et le soutien de tous les passionnés de cet univers, tu vas pouvoir te lancer, par exemple, dans la création d'un jouet parlant ou d'un système d'alarme pour ta chambre.

Ton atelier de création IDE

Le logiciel pour créer les programmes s'appelle un IDE (**I**ntegrated **D**evelopment **E**nvironment, « environnement de développement intégré ») ; c'est un éditeur de texte couplé à un outil de compilation et à un outil de transfert vers la carte, ce qui en fait un atelier de création. L'atelier comporte aussi une fenêtre d'affichage des données qui passent par le port série. Ta carte Arduino ne peut contenir qu'un programme (un croquis) à la fois. Quand tu téléverses un nouveau programme, l'ancien est remplacé.
Avant de commencer à créer les projets du livre, télécharge puis installe l'atelier IDE (il faut prononcer « I-D-E ») depuis le site officiel : **www.arduino.cc**.

Première configuration de l'atelier IDE

Si ton ordinateur est sous Windows, assure-toi que le pilote Arduino a été correctement installé avant d'aller plus loin.

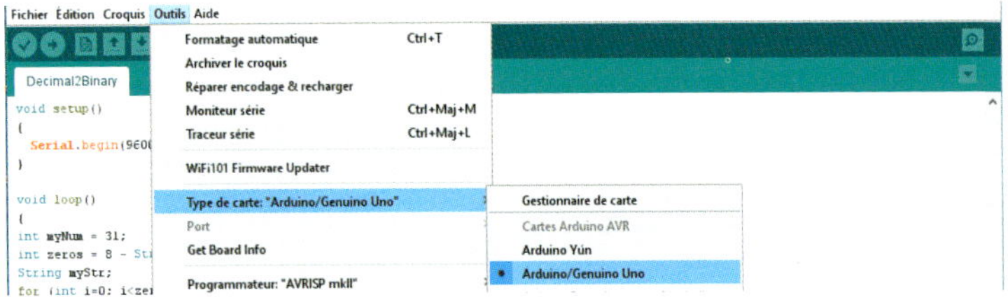

1. Démarre le programme de l'atelier IDE Arduino et ouvre le menu **Outils** > **Type de carte**, et sélectionne le bon modèle de carte (par exemple, Uno).

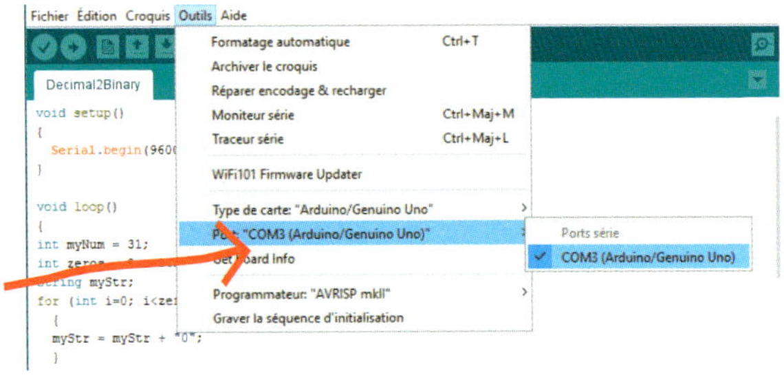

2. Ouvre à nouveau le menu **Outils** puis le sous-menu **Port**, et sélectionne le port de communication sur lequel ton ordinateur a détecté la carte :
   - Windows : en général, le dernier port de la liste marqué « COM ».
   - Mac : souvent, c'est « /dev/tty.usbmodem ».
   - Linux : souvent, c'est « /dev/ttyACM0 ».

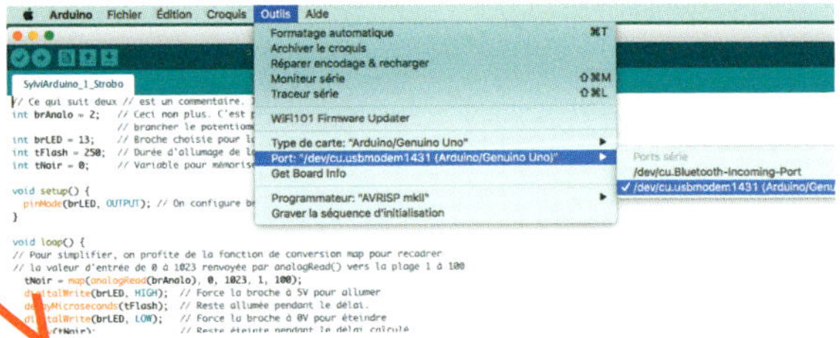

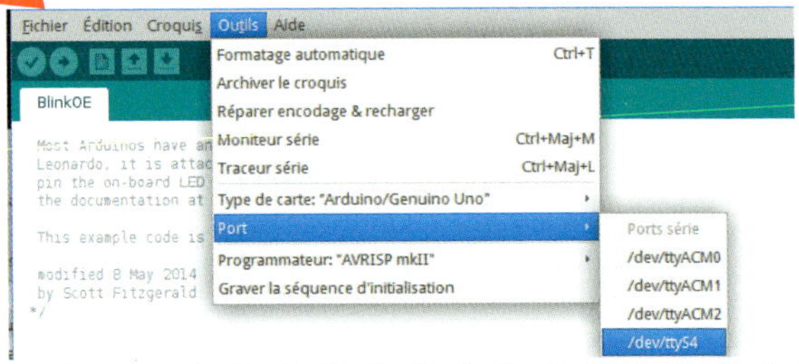

3. Dès lors, tu dois pouvoir transmettre un programme à la carte Arduino depuis l'atelier IDE. Si un message s'affiche en orange en bas de l'atelier, c'est que la carte n'est pas bien reconnue. Tu as peut-être mal choisi le modèle de carte ou le port, ou bien le pilote n'est pas installé. Parfois, la configuration de la connexion n'est pas très facile, mais avec l'aide d'un adulte ou d'une personne avisée, tu vas y arriver, et tu n'auras plus aucun souci ensuite.

La sécurité avant tout !

Le code source n'est pas dangereux par lui-même, mais tu vas construire des objets, donc attention à tes doigts ! N'oublie pas de porter des lunettes de sécurité, surtout pour manipuler des pièces en rotation, un liquide ou un produit chimique.

Teste la connexion

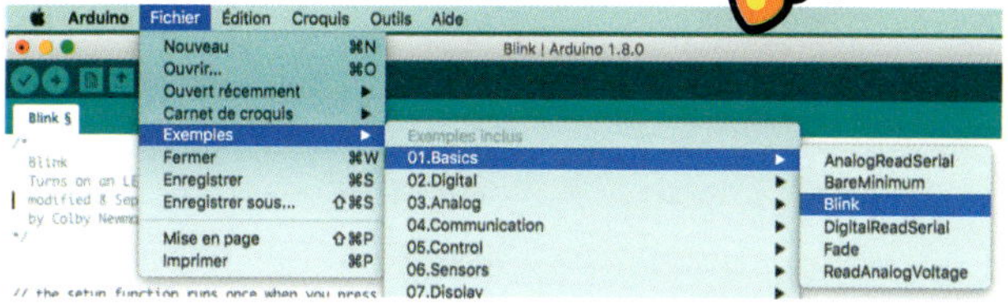

1. Il faut d'abord vérifier que l'atelier IDE parvient à communiquer avec la carte Arduino. Nous allons nous servir d'un programme d'exemple qui fait clignoter la LED de la broche 13. Dans l'atelier, ouvre le menu **Fichier** et choisis **Exemples** > **01.Basics** > **Blink**.

2. Dès que le code source est affiché dans l'éditeur de l'atelier Arduino IDE, clique le bouton **Vérifier** en haut à gauche. Le compilateur va analyser le code pour voir s'il peut le comprendre. Si un message orange s'affiche en bas, il va falloir faire du débogage (j'en reparle plus loin).

3. Vérifie que la carte Arduino est toujours branchée sur l'ordinateur via le câble USB. Clique le bouton **Téléverser**. Si tout s'est bien passé, tu dois voir au bout de 2 à 3 secondes clignoter la LED de la broche 13. Test réussi !

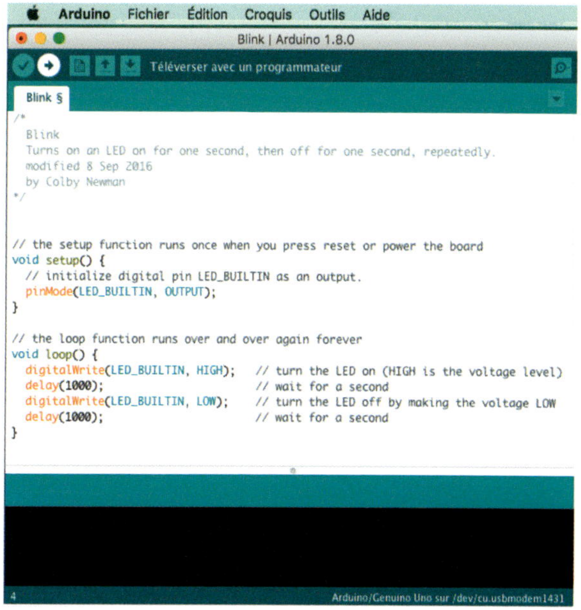

Quand tu lances le téléversement, tu dois voir les deux petites LED RX et TX clignoter sur la carte Arduino. Quand elles s'éteignent, ton programme démarre ! Si rien ne se produit, lis l'encadré qui suit et cherche aussi sur le Web « Dépannage Arduino ».

4. Tu peux maintenant parcourir le code source pour voir comment changer la vitesse de clignotement de la LED en broche 13. N'oublie pas d'utiliser le bouton **Téléverser** après chaque changement dans le code source !

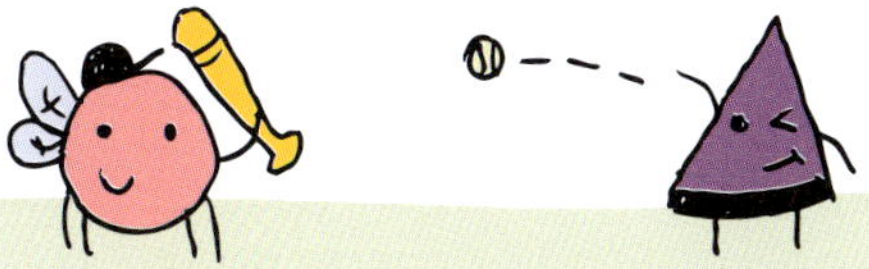

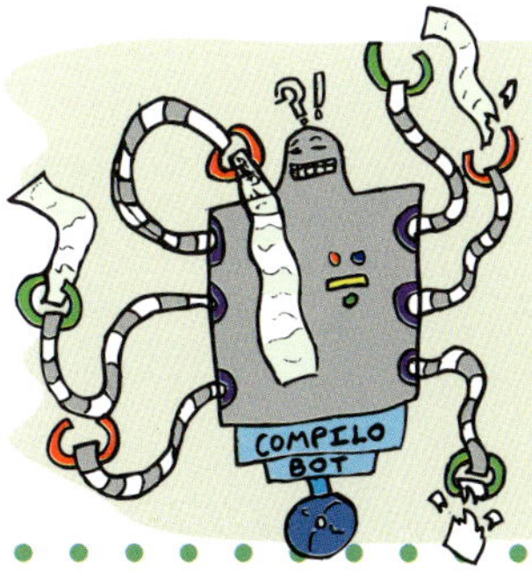

Ton premier débogage

Quand la vérification détecte un problème, un message orange apparaît au bas de la fenêtre. Le programme ne peut pas être envoyé à la carte. CompiloBot n'est pas content. Il faut trouver et corriger l'erreur. Très souvent, il manque un signe point-virgule en fin de ligne ; ou un nom est mal saisi. Il se peut aussi que le compilateur réussisse à téléverser le programme, mais qu'il ne fonctionne pas malgré tout. Dans ce cas, vérifie le nom des variables et les branchements. Je te présente CompiloBot plus loin. L'essentiel, c'est de persévérer dans ta chasse aux bogues !

PROJET 1

DE LA STROBOTIQUE

Comme premier projet, je te propose un stroboscope, comme dans les boîtes de nuit et les salles de concerts. C'est une lumière qui clignote très vite, ce qui permet de décomposer un mouvement rapide ou de donner l'illusion que l'objet s'est arrêté. Ce phénomène est très utilisé aussi dans l'industrie. Tu es prêt ? **C'est parti !**

Composants nécessaires

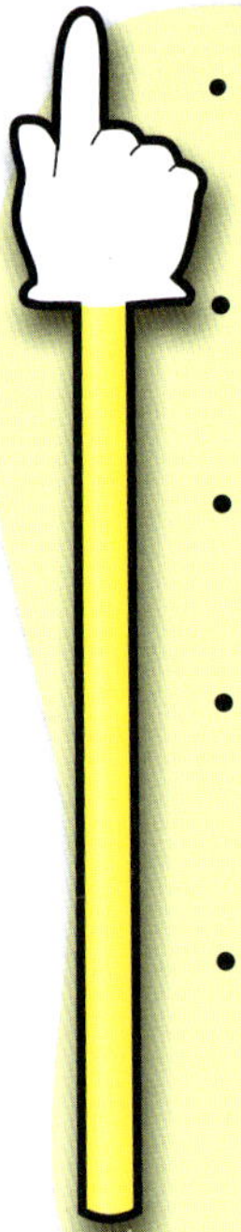

- **Un Arduino.** En Europe, tu peux acheter le modèle Uno sous le nom Genuino Uno.
- **Un ordinateur** sous Windows, Linux ou MacOS.
- **Un câble USB** pour relier l'Arduino à l'ordinateur.

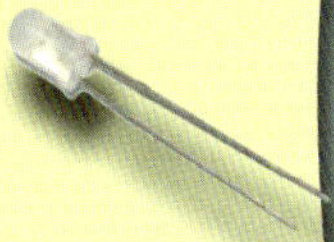

- **Une LED.** J'ai opté pour une bleue qui donne une belle lumière, mais du rouge ou du vert ira aussi.

- **Un potentiomètre.** Il est composé d'un axe qui tourne et de trois contacts sur lesquels tu vas brancher des fils en les torsadant.

Tu dois avoir installé et testé le logiciel atelier IDE Arduino. Si ce n'est pas le cas, relis la page 4.

EMPLETTES

Tout à la fin du livre, je donne quelques pistes pour te procurer la carte Arduino, les fils, les diodes LED et autres composants, dans un magasin ou sur Internet.

Tu peux acheter un kit avec tout ce qu'il faut pour réaliser les projets du livre à l'adresse `www.robotshop.com/eu/fr/kit-arduino-super-awesome-sylvia.html` ou sur le site `vdram.com`.

Recyclage :
Tu peux récupérer un potentiomètre et une LED sur un appareil en panne. Mais demande à un adulte avant de démonter quoi que ce soit !

La sécurité avant tout !

Si toi ou quelqu'un qui travaille avec toi est sujet aux crises d'épilepsie, ne réalise pas les tests de ce projet ! Les flashes rapides et répétés peuvent déclencher des effets secondaires peu agréables. Dans ce cas, passe directement au projet suivant. Cela dit, tu peux parcourir le texte et notamment la dernière partie proposée par RoboMalin.

Construis le projet !

1. Insère la diode LED dans le connecteur de la carte Arduino.

La patte la plus *longue* de la LED doit être insérée dans le connecteur **numéro 13**, et la plus *courte*, dans le connecteur marqué **GND** juste à côté. On parle également de « broches » pour les pattes des composants.

Que signifie ce GND ?

Pour que de l'électricité puisse circuler, il faut qu'elle puisse rejoindre une référence commune qui s'appelle la *masse* ou GND (abréviation du mot anglais *ground*). Elle peut alors produire un travail, comme faire briller une lampe, faire tourner un moteur électrique, etc. L'électricité circule toujours entre une tension positive et la tension 0 V qui correspond à la masse.

Tu peux comparer l'électricité d'une pile à l'eau d'une bouteille. Tant que le bouchon est vissé, l'eau ne peut pas circuler. Si tu ouvres le bouchon et que tu retournes la bouteille, l'eau va rejoindre la terre (**GND**) par gravité. Dans son chemin jusqu'au sol, tu peux placer, par exemple, la roue d'un petit moulin, ou bien t'arroser les pieds !

Pourquoi la broche 13 ?

La broche numéro 13 dans le haut de la carte Arduino a été spécialement conçue pour y brancher une LED. Si tu observes bien la carte, juste sous la broche 13, tu dois voir une micro-LED soudée sur le circuit, avec un L comme légende (juste au-dessus de deux autres micro-LED Tx et Rx). Cette diode LED est branchée sur la broche 13 avec une résistance pour la protéger. Tu peux donc la faire clignoter sans ajouter de LED externe. Celle que nous venons d'insérer est plus brillante. Pour ne pas avoir besoin d'ajouter de résistance pour la protéger, nous n'utilisons que cette broche 13. Mais attention : **les autres broches ne sont pas protégées**.

2. Il reste à brancher le potentiomètre.

Relie une des broches externes à la broche 5 V et l'autre à la broche GND, puis relie la broche du milieu à la broche analogique 2 (en bas de la carte). Tu vas pouvoir ainsi envoyer une tension variant entre 0 et 5 V à cette broche d'entrée analogique en tournant le potentiomètre.

Mais c'est quoi, un potentiomètre ?

On appelle **potentiomètre** ou **potar** un bouton ou dispositif de réglage (formé de résistances) qui permet de faire varier quelque chose, ici une tension. Tu en as déjà rencontré, sous la forme de boutons pour régler le volume d'une chaîne stéréo ou de glissières pour modifier l'intensité d'une lumière. Un potentiomètre sert aussi à contrôler une entrée Arduino.

3. Saisis le code source dans l’atelier IDE puis transfère-le sur la carte Arduino.

Le fichier avec le code du projet est disponible sur le site de l’éditeur de ce livre (indiqué à la toute fin de cet ouvrage). Cependant, je te conseille d’apprendre à taper du code directement dans l’éditeur idéal. Copier-coller ne permet pas d’apprendre ***pour de vrai*** !

Tant que l’Arduino est connecté par USB à ton ordinateur, il reçoit son alimentation par ce câble. Une fois que tu auras transféré ton programme sur la carte, tu pourras débrancher le câble USB, mais il faudra dans ce cas alimenter la carte avec une pile ou un petit adaptateur que tu brancheras sur le jack d’alimentation.

Attention : toutes les fins de lignes à partir de la double barre oblique (//) n’ont pas besoin d’être tapées… ce qui simplifie beaucoup la saisie du code source !

1_Strobo

```
// Ce qui suit deux // est un commentaire. Inutile de taper ce texte. :)

int brAnalo = 2;    // Ceci non plus. C'est pour expliquer que nous allons
                    // brancher le potentiomètre sur la broche 2.
int brLED   = 13;   // Broche choisie pour la LED
int tFlash  = 250;  // Durée d'allumage de la LED en microsecondes
int tNoir   = 0;    // Variable pour mémoriser le délai réglé

void setup() {
  pinMode(brLED, OUTPUT); // On configure brLED pour servir comme sortie.
}

void loop() {
// Pour simplifier, on profite de la fonction de conversion map pour recadrer
// la valeur d'entrée de 0 à 1023 renvoyée par analogRead() vers la plage 1 à 100.

  tNoir = map(analogRead(brAnalo), 0, 1023, 1, 100);
  digitalWrite(brLED, HIGH);  // Force la broche à 5V pour allumer.
  delayMicroseconds(tFlash);  // Reste allumée pendant le délai.
  digitalWrite(brLED, LOW);   // Force la broche à 0V pour éteindre.
  delay(tNoir);               // Reste éteinte pendant le délai calculé.
}
```

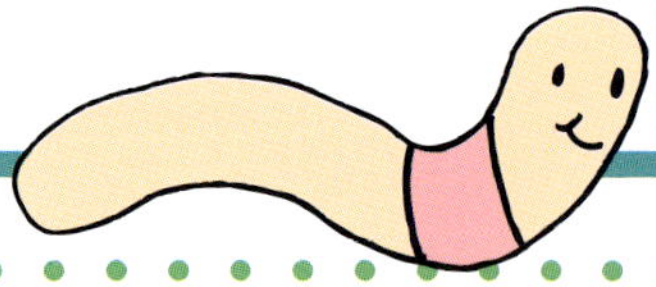

Aide rapide pour l'atelier IDE

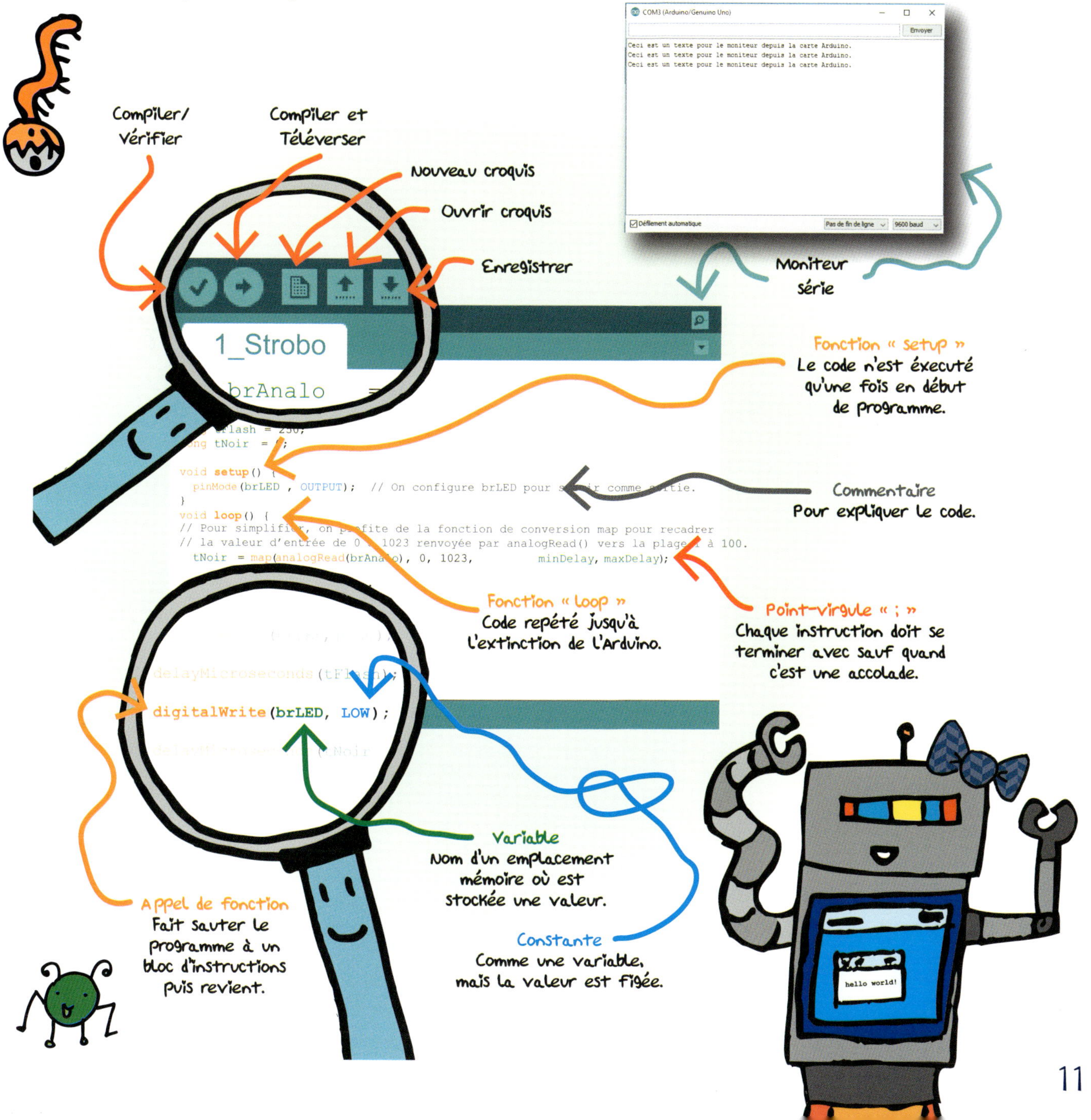

ESSAI DU STROBOSCOPE AJUSTABLE

Demande l'aide d'un adulte pour trouver un ventilateur et enlever sa grille de protection afin de mieux voir les pales. S'il a peur de te laisser seul(e) avec cet appareil, opte pour un modèle sur piles avec des lames en caoutchouc mou : aucune blessure ne sera plus à craindre !

Tu peux maintenant mettre la carte sous tension et fermer la lumière. Tourne le potentiomètre jusqu'à être synchronisé avec la rotation du ventilateur. Tu pourras plus tard créer une version sans potentiomètre en subsituant à l'instruction analogRead(brAnalo) un nombre entre 0 et 1023. Il faudra dans ce cas retransférer le code après chaque nouvelle valeur. Plus la valeur sera grande, plus le clignotement sera lent. Tu devras faire plusieurs essais, parce que tous les ventilateurs ne tournent pas à la même vitesse.

Fonctionnement :

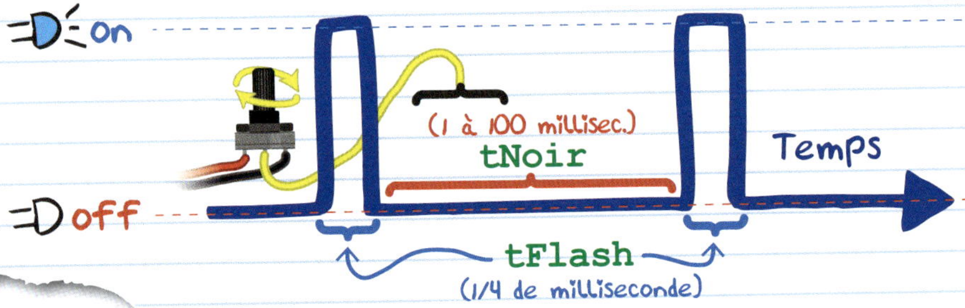

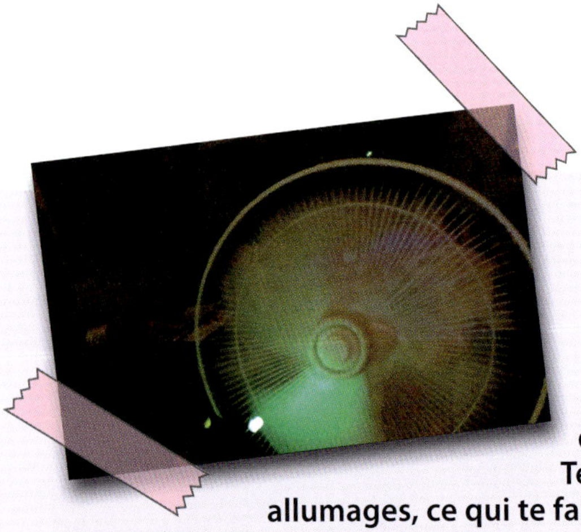

Un strobos… quoi ?

Un stroboscope est une source de lumière qui s'allume et s'éteint très rapidement. En tournant le potentiomètre, tu fais varier le délai entre deux états allumés. Ce clignotement permet de décomposer un mouvement rapide. Tes yeux ne voient rien entre deux allumages, ce qui te fait mémoriser la dernière position que tu as pu voir et donne l'illusion d'un mouvement arrêté ou ralenti.

Essaie d'écrire un numéro sur chaque pale, rallume le ventilateur et tente de rendre les chiffres lisibles en réglant le stroboscope. Il y a deux solutions pour synchroniser le clignotement avec la rotation : un allumage par pale (les numéros se remplacent les uns les autres) ou un seul allumage par tour, ce qui est parfait. Tu trouveras plein de solutions pour effectuer la synchronisation, car les multiples du nombre de pales permettent aussi la synchronisation.

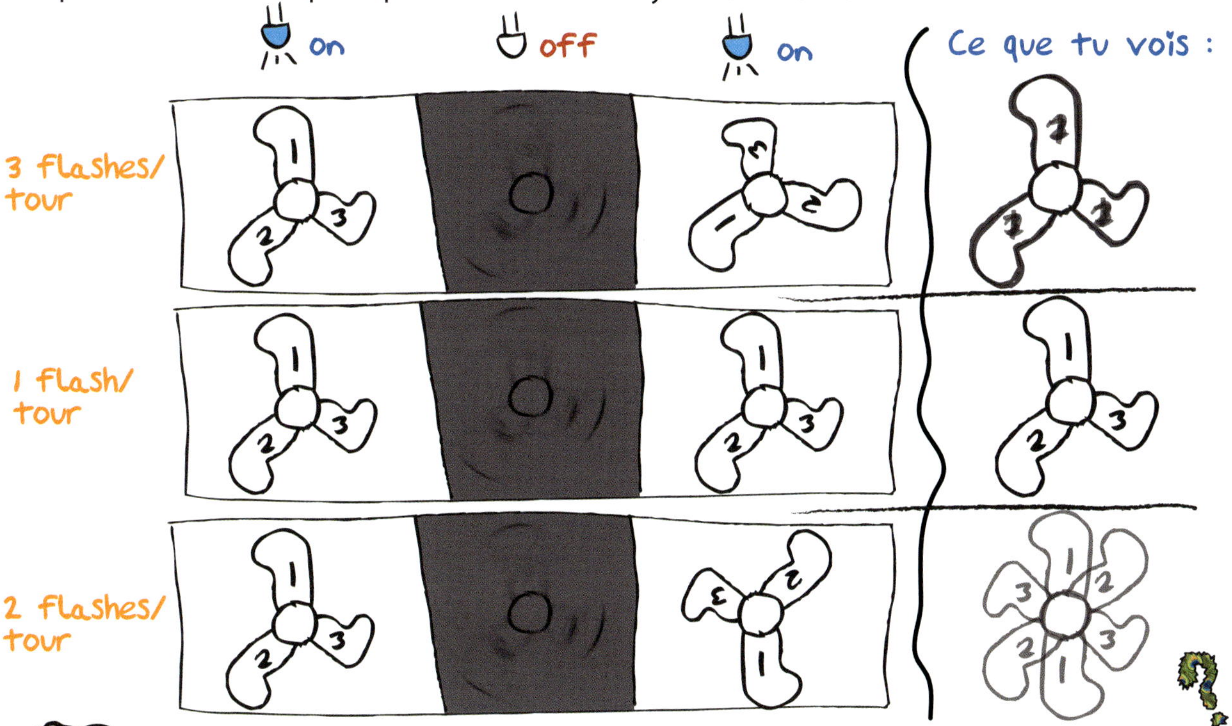

Cherche d'autres objets qui fonctionnent à grande vitesse. Voici quelques pistes :

- les gouttes d'eau d'un robinet,
- les jantes d'une roue de voiture,
- une corde de guitare qui vibre.

Le code source à la loupe

Quand tu veux donner un ordre à un ordinateur, tu découvres qu'il ne comprend pas le français. Heureusement, des ingénieurs ont inventé des **langages de programmation** exprès pour piloter des machines. Arduino utilise un de ces langages : le **langage C**, qui est assez ancien mais très efficace. Un programme Arduino est une liste d'instructions écrites dans ce langage C pour dire à l'ordinateur ce qu'il doit faire chaque fois que le programme démarre. Les **instructions** sont des mots proches de l'anglais que l'on doit combiner en obéissant à une **syntaxe**. Le premier contact peut paraître déroutant, mais tu vas vite comprendre de quoi il retourne.

Le processeur de la carte est petit, mais très rapide. Pour une instruction, il lui faut 1 millionième de seconde (ou microseconde) environ, et cela va nous être utile pour ce projet. Après avoir construit le circuit électrique du stroboscope, nous écrirons un programme (on peut également récupérer le programme de quelqu'un d'autre et le modifier). La version du programme que tu écris est souvent désignée sous le nom de **code source**, tandis que l'écriture s'appelle le **codage**.

Dans le monde Arduino, un code source se nomme un **croquis** (*sketch*). Tout croquis doit contenir au moins deux noms de fonctions obligatoires : `setup()`, qui veut dire « configurer », et n'est exécutée qu'une fois au démarrage du programme, et `loop()`, qui signifie « répéter », et est exécutée en boucle jusqu'à ce que tu coupes l'alimentation. Ces deux fonctions suffisent à écrire toutes sortes de programmes.

Mots-clés

SYNTAXE : la grammaire du codage. Tu combine des mots comme `if`, `else`, `void`, des symboles comme `+`, `-`, `*`, `=`, `%` et des opérateurs logiques comme `!` et `&&`.

CROQUIS : le code source d'un projet Arduino. Tu écris ce code dans l'atelier IDE.

FONCTION : regroupement de plusieurs instructions dans un bloc portant un nom, ce qui permet de les exécuter par simple indication de ce nom.

`setup()` : première fonction exécutée dans un croquis Arduino. N'est exécutée qu'une fois pour mettre en place les conditions initiales de fonctionnement.

`loop()` : seconde fonction obligatoire d'un croquis. C'est dans cette fonction que sont réunies toutes les instructions à exécuter. Cette fonction est répétée sans cesse.

VARIABLE : nom associé à une case mémoire dans laquelle est stockée une valeur (ou une lettre). Dans ce livre, les variables sont imprimées en `vert`.

Le compilateur

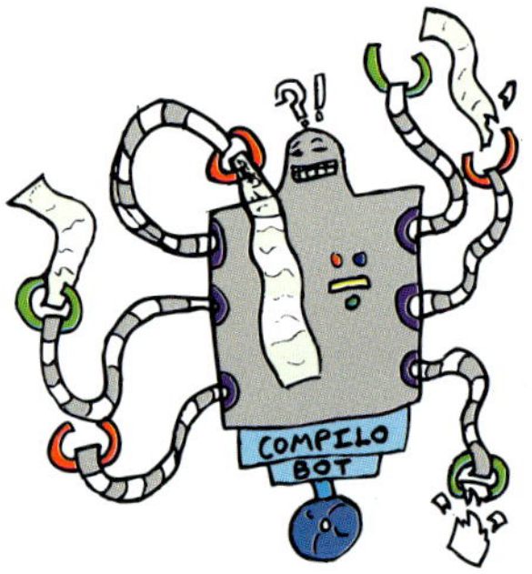

Le compilateur est un programme caché dans l'atelier IDE qui se charge de créer du code exécutable ou binaire à partir de ton code source. C'est ce code qui est envoyé à la carte Arduino pour qu'elle l'exécute. Notre compagnon CompiloBot est sympathique, mais très strict pour les règles d'écriture. Quand tu auras fini d'écrire du code source et que tu l'enverras au compilateur, il arrivera certainement que celui-ci se bloque et réponde « Tu as oublié un point-virgule ! » ou « Tu ne peux pas placer une lettre dans un entier ! ». Quand le compilateur relève ainsi une erreur, il refuse de créer le code binaire et de l'envoyer à la carte. Je te conseille de bien tenir compte de ses remarques, qui t'apprendront bien des choses sur la programmation. Si ton code parvient à être transféré vers la carte, tout va bien : tu pourras alors passer aux tests !

Une variable, c'est quoi ?

Les variables des programmeurs sont les mêmes que celles de l'algèbre. Si tu te souviens de ton algèbre, pense par exemple à un chien. Suppose que tu veuilles qu'il aille cacher quelque part un code secret que tu as écrit sur un bout de papier. Le chien pourrait s'appeler `cacheur`. Si tu écris ce nom `cacheur` dans ton programme, il sera remplacé par ce qui est écrit sur le papier à ce moment, c'est-à-dire la valeur de la variable `cacheur`.

Types de données

`bit` : soit 0, soit 1 !

`bool` : booléen, soit `true`, soit `false`, comme le bit.

`byte` : valeur sur 8 bits, qui permet de stocker un nombre entier entre 0 et 255.

`char` : lettre ou chiffre tapé au clavier comme le `'A'`.

`int` : entier (*integer*) positif ou négatif entre-32 768 +32 767.

`long` : entier positif ou négatif très grand (jusqu'à plusieurs milliards).

Déclare ton amour pour tes variables !

Le langage C est à **typage strict**, ce qui signifie tout simplement que tu dois dire quel *type* de valeur tu veux stocker dans chaque nouvelle variable. Si je dis que le chien ci-dessus est du type de données `int` (pour *integer*, « entier »), il n'acceptera de stocker que des nombres entiers. Il suffit d'indiquer ce nom de type juste avant le nom de la variable `cacheur`.

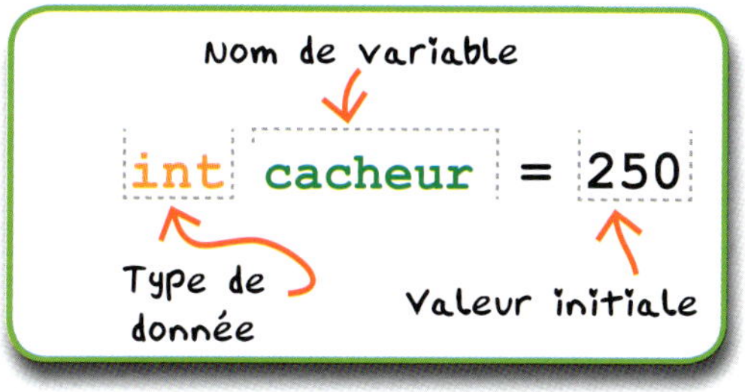

Si tu les déclares, c'est pour jouer avec

Une variable est très simple d'utilisation : il suffit d'indiquer son nom à l'endroit où tu veux utiliser la valeur qu'elle contient. Dans notre projet, la variable `tFlash` contient le nombre de microsecondes (millionièmes de seconde) d'allumage de la diode LED pour un flash. Comme son nom l'indique, le contenu de la variable peut changer au fur et à mesure de l'exécution, comme si tu donnais un nouveau bout de papier à `cacheur`. Dans notre projet, il y a une variable nommée `tNoir` qui reçoit la valeur lue en fonction de la position du bouton rotatif du potentiomètre.

```
int truc   = 1;  // Variable stocke 1.
int bonus  = truc + 1; // bonus vaut 2 maintenant.

// Affiche la valeur 3.
Serial.print(bonus + truc);
```

Tu as beaucoup de liberté pour le nom des variables, mais il faut être cohérent et tenir compte de quelques règles : notamment, **pas de lettres accentuées**. Tu peux choisir un nom d'une seule lettre comme `x`, mais cela ne te dira rien sur ce qu'elle contient. Choisis des noms suggestifs, même s'ils sont longs à taper.

Choisis bien tes noms !

L'espace est **interdit** dans les noms de variables et de fonctions. Mais comment faire pour que ces noms restent faciles à lire ? Voici les deux techniques les plus utilisés pour les noms des identifiants :

droMaDaire : initiale en minuscule, puis mots accolés `avecUneMajuscule`.
carac_souligne : `tout_en_minuscules_et_simulation_espace`

Oh ! les belles LED !

Une diode électroluminescente (LED) fonctionne à sens unique : l'électricité ne peut passer que dans un sens. Dans le bon sens, le courant la fait briller. Dans le mauvais sens, rien ne se passe !

Technique pour ne pas se tromper de sens :

La patte *la plus longue* correspond au pôle positif, l'**anode**.
La patte *la plus courte* est la **cathode** (pôle négatif). Elle doit toujours être reliée à la **masse** (GND). Pour t'en rappeler : plus court égale plus près du sol.

Si les pattes sont de la même longueur et que la diode ait déjà servi et ait été raccourcie, la cathode négative est celle du **côté du méplat** en bas du boîtier.

On joue ?

Expérimente avec RoboDoc

La science commence toujours par des questions :

À quelle vitesse tourne un ventilateur ?

- Dessine des marques sur une des pales et essaie de compter le nombre de tours en un certain temps.
- Pourrais-tu programmer ton Arduino pour faciliter ce calcul ?

Peut-on utiliser ce projet pour mesurer la vitesse d'un objet ?

- Avec la valeur de l'exercice précédent, il suffit de la combiner avec le périmètre.

Quel est le clignotement le plus rapide qui permette de voir l'objet tourner ? Est-ce que cela change qu'il fasse jour ou nuit ?

Relève les défis de RoboBricolo

Profite de ces conseils pour améliorer l'aspect du projet ou pour mieux t'organiser.

Tu peux installer le projet dans une petite boîte avec une pile et un interrupteur.

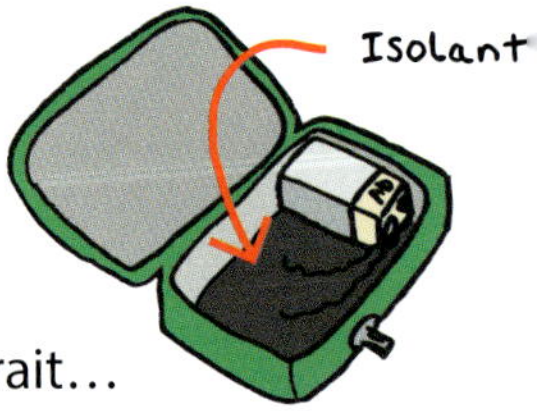

Si la boîte est en métal, pense à ajouter de l'isolant sur le dessous, par exemple du carton ou de la feuille de mousse. Sans cela, les contacts risquent d'entrer en court-circuit, et le résultat serait… **UN ARDUINO MORT ! :(**

Pourquoi ne pas ajouter un écran LCD pour afficher, par exemple, la valeur de `tNoir` ou le nombre de tours par minute ?

Tu peux ajouter des aimants au projet pour l'accrocher quelque part.

Relève les défis de RoboCodeur

Ces défis sont un peu plus sophistiqués et conviendront à tous ceux qui sont curieux et prêts à se lancer dans de nouvelles aventures !

La communauté des utilisateurs Arduino propose des centaines de croquis d'exemples que tu peux réutiliser et modifier. Tu y as accès directement dans le sous-menu **Fichier** > **Exemples** de l'atelier IDE. Ils sont classés en catégories.

Remplace le potentiomètre par un bouton pour le stroboscope.

- Ouvre le projet d'exemple **Fichier** > **Exemples** > **Digital** > **Button**.
- Ajoute une variable pour mémoriser le délai et une boucle pour attendre l'appui sur le bouton, puis modifie le délai.

Modifie le programme pour que la LED émette des lettres en code Morse.

- Le code Morse est une série de points et de traits avec des espaces. Il suffit d'utiliser la fonction `delay`().
- Tu auras beaucoup moins de code à écrire si tu apprends à déclarer tes propres fonctions comme je le montre en page 34.

Ajoute un compte-tours à un objet qui tourne.

- Si tu réussis à voir une pale immobile, c'est que le délai entre deux clignotements est directement proportionnel à la rotation.
- Tu peux trouver le nombre de tours par minute à partir du contenu de la variable `tNoir`. Inutile d'ajouter un afficheur au projet. Tu peux envoyer et recevoir des données sur le Moniteur série, et donc afficher la valeur sur ton ordinateur dans l'atelier. Je donne des détails à ce sujet en page 24.
- Combien de millisecondes dans une seconde ? Et de secondes par minute ? Si ton repère se retrouve à la même position à chaque allumage de la LED, le nombre de tours par minute est exactement égal au nombre de clignotements par minute.

Persistance rétinienne : comment tromper ton cerveau

Un objet qui se déplace très vite peut sembler immobile pour notre cerveau. Le plus ancien exemple de cette illusion d'optique se nomme le *thaumatrope*. C'est un petit disque de papier avec une image différente sur chaque face (un oiseau et une cage, par exemple), et un bout de ficelle attaché de part et d'autre sur les côtés. Il suffit d'entortiller les deux fils puis de tirer doucement dessus pour que le disque tourne très vite. Et alors, miracle : les deux images se superposent (autrement dit, ton cerveau voit l'oiseau dans la cage) ! Amuse-toi à construire ton propre thaumatrope avec d'autres motifs.

Instruis-toi avec RoboMalin : strobo pour être vrai !

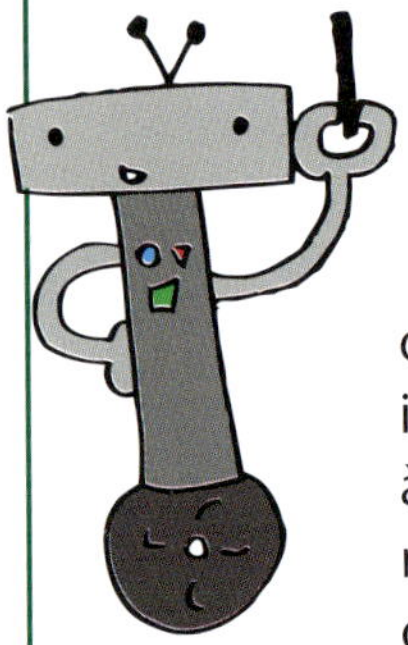

Le principe du stroboscope est de clignoter très rapidement, ce qui permet de décomposer le mouvement d'un objet qui tourne ou se déplace trop vite. Le but est de trouver la fréquence qui coïncide avec le déplacement de l'objet afin qu'il semble comme figé sur place.

Dans le noir, la succession de flashes fait croire que l'objet est à l'arrêt ou en très lent déplacement. C'est dû à la *persistance rétinienne*. Notre cerveau relie les seules images qu'il parvient à voir. Avec le bon réglage, elles correspondent à la même position de l'objet. Cela fonctionne en marche avant et en marche arrière. C'est le même effet qui nous permet de visionner des films au cinéma !

Dans notre projet, c'est la valeur définie avec le potentiomètre qui détermine la durée d'extinction entre deux clignotements. Lorsque chaque allumage correspond à la même position d'une pale, tu as l'impression que la pale est arrêtée ou très lente. Cela dit, il n'est pas facile d'arriver à l'arrêt complet de la pale. Il faut dire que les ventilateurs ne sont pas des objets de grande précision ; leur vitesse de rotation fluctue un peu, et le délai idéal varie d'un tour à l'autre.

Le stroboscope est un outil indispensable aux professionnels qui ont besoin de juger de la rotation rapide d'un objet, par exemple en mécanique, mais aussi pour régler la vitesse de rotation des platines tourne-disques pour vinyles.

L'ingénieur électricien et photographe Harold Edgerton est l'un des pionniers de l'utilisation du stroboscope en photographie. Il a réussi à créer une technique de prise de vue à très haute vitesse (et a aussi inventé une des toutes premières caméras sous-marines). Tu peux admirer ses œuvres sur le site ***edgerton-digital-collections.org***

20 raisons de ne pas mettre tes doigts dans un ventilateur !

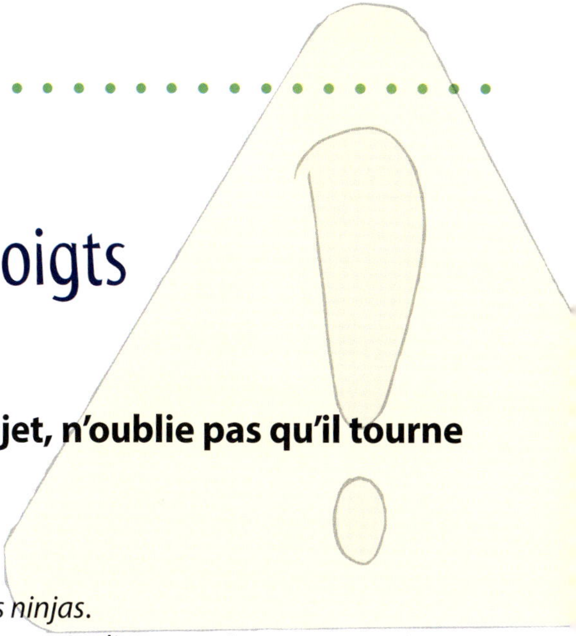

Même si le ventilateur semble à l'arrêt grâce à ton projet, n'oublie pas qu'il tourne très vite. Bas les pattes ! Voici pourquoi :

1. Tout le monde va te trouver bête.
2. Tes doigts sont précieux.
3. Un ventilateur tourne vite, plus vite que tes doigts, sauf des *doigts ninjas*.
4. En anglais, une pale se dit *blade*, ce qui signifie aussi « lame ». Autrement dit : attention, ça coupe !
5. Si tu es vraiment curieux, éteins le ventilateur avant d'y toucher.
6. Les gens qui t'aiment t'aiment *avec tous tes doigts*.
7. Le mélange entre le sang d'un doigt et l'électricité est vraiment déconseillé.
8. J'ai vu une fois une poupée de test lancée contre un ventilateur tournant. Une fois la poussière retombée, il ne restait plus qu'un tas de débris.
9. Ce n'est pas parce que c'est dangereux que c'est cool. C'est juste coupant.
10. Si tu comptes aiguiser tes réflexes pour apprendre à lancer des couteaux, inscris-toi à un stage de cirque.
11. Pour compter jusqu'à cinq, mieux vaut avoir cinq doigts que *quatre*.
12. Tant qu'à faire, mieux vaut encore mettre ton doigt dans ton nez.
13. Il y a sûrement des objets *moins dangereux* à tripoter.
14. Tu es tout de même plus intelligent(e), non ?
15. Tu pourrais y survivre, mais avec un surnom du style « Le kid qui a laissé ses doigts dans un ventilateur ».
16. Si tu survis, tu auras du mal à tenir un stylo.
17. Tu ne pourras plus montrer du doigt que toi-même, et encore, *s'il te reste un doigt* !
18. Si tu veux malgré tout essayer, pense déjà au lit d'hôpital et aux pansements.
19. Si je te dis de ne pas y toucher tu peux me croire : j'ai quand même *écrit un livre*, moi !
20. En fait, pas de problème, c'est génial de mettre un doigt dans le ventilateur ! Regarde, cela ne… ***AHHHHHHHH !!! MON DOOOIIIIGT… AAAAAAÏE !!!!.***

PROJET 2

LE R.I.F.F.

Pour notre deuxième projet, je te propose un instrument de musique électronique, le R.I.F.F. (*Robot instrumental franchement fantastique*). Un programme très court va l'animer et te permettre d'émettre des sons. Très peu de composants vont être nécessaires. **En route** !

Composants nécessaires

- Ta carte Arduino, évidemment.
- Un ordinateur sous Windows, Linux ou MacOS.
- Un câble USB pour relier l'Arduino à l'ordinateur.
- Un petit haut-parleur (neuf ou de récupération).

L'atelier Arduino doit être installé et prêt à fonctionner. Si nécessaire, relis la page 4.

EMPLETTES

Tout à la fin du livre, je donne quelques pistes pour te procurer la carte Arduino, les fils, les diodes LED et autres composants, en boutique ou en ligne.

Recyclage : tu peux récupérer un un haut-parleur dans un jouet parlant ou un casque audio.

Attention : il te faut un vrai haut-parleur avec une membrane en plastique ou en papier, pas un buzzer piézoélectrique, qui risquerait d'endommager la carte Arduino s'il n'y a pas de résistance de protection.

Construis le projet

1. Branche le haut-parleur à l'Arduino.

Connecte l'un des deux contacts du haut-parleur avec un fil à la broche de la masse (GND), puis l'autre à la broche d'entrée/sortie numérique numéro 10 sur le connecteur du haut. Si tu en choisis une autre, il faudra modifier son numéro dans le code source.

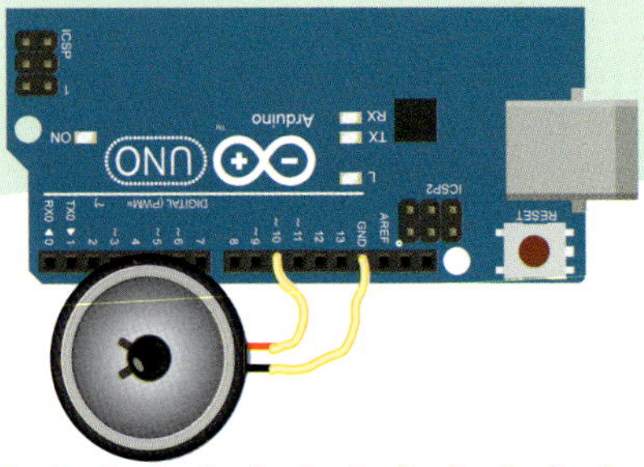

2. Saisis ou copie-colle le code source dans l'atelier IDE, puis compile-le pour le transférer sur la carte.

2_RIFF

```
int notes[] = {131, 147, 165, 175, 196, 220, 247, 262, 294, 330, 349, 392, 440, 494, 523, 587};
// Tableau des valeurs en hertz des notes sur deux octaves en do majeur.
// Je donne des détails quelques pages plus loin.
int ambitus = 16;  // Deux octaves de 8 notes = 16
int brHP = 10;      // Broche numérique pour le haut-parleur
int tempo = 200;    // 200 ms = 5 notes par seconde
int brTapote = 0;   // Broche analogique pour lire le tapotement
// Calcul à la compilation pour gagner du temps dans la boucle loop() :
int pasAnaloNote = (1024 / ambitus);
int numNote = 0;

void setup() {
  // Rien à configurer au démarrage pour le moment !
}

void loop() {
  numNote = analogRead(brTapote) / pasAnaloNote; // Calcule la prochaine note à jouer.
  tone(brHP, notes[numNote]);                    // Joue cette note.
  delay(tempo);                                  // Fait sonner le temps choisi.
}
```

Dans la page de téléchargement sur le site de l'éditeur (voir en fin d'ouvrage), tu trouveras des variantes de cet exemple, avec des variables pour les noms des notes. Dans tous les cas, fais l'effort de saisir les instructions ci-dessus pour t'habituer à rédiger du code source. Je rappelle que les commentaires sont facultatifs.

Il écoute et il parle !

La carte Uno, la plus répandue, compte 14 contacts pour les entrées/sorties numériques et 6 pour les entrées analogiques (qui peuvent également servir en sortie). Chaque contact de sortie numérique peut être rendu actif (5 V) ou non (0 V), ce qui permet de contrôler une lampe, un moteur électrique, et même de communiquer avec un autre ordinateur. Utilisée en entrée, une broche numérique permet de détecter s'il y a ou non une tension de 5 V (1 ou 0). En revanche, une broche d'entrée analogique sert à lire avec précision la tension présente sur le contact, sous la forme d'une valeur numérique entre 0 et 1023. Cette possibilité est indispensable dans un projet tel que le stroboscope pour contrôler précisément l'effet. Dans le présent projet, il nous faut beaucoup de valeurs intermédiaires entre états allumé et éteint. Le schéma de la page 3 montre où se trouvent les deux connecteurs d'entrée/sortie sur la carte.

PASSONS AUX ESSAIS DU R.I.F.F. 

Une fois que tu as transféré le programme sur la carte, touche les contacts par le dessous du côté des broches analogiques. Normalement, ton Arduino va émettre des sons. En fait, le programme utilise les fluctuations aléatoires de la tension lue sur la broche analogique afin de calculer une valeur et émettre une note. C'est à cause des fluctuations que la mélodie va n'importe où, ce qui donne parfois des mélodies géniales, parfois pas.

Pose un doigt sur la broche analogique A0 puis, avec les autres doigts, touche par exemple la masse GND, puis celle du 5 V. Tu obtiens à chaque fois un autre son. Normalement, tu ne risques pas d'endommager quoi que ce soit, à moins d'être fortement chargé(e) en électricité statique. Le 5 V doit donner un son plus aigu que le GND.

Le code source permet de nombreuses variations. J'ai choisi de limiter les notes a deux octaves de la gamme de do majeur, ce qui rend le résultat un petit peu plus musical. Tu peux tout changer, comme passer à une gamme « exotique ». J'utilise dans le projet un tableau pour stocker les valeurs des notes. Mais qu'est-ce qu'un tableau ?

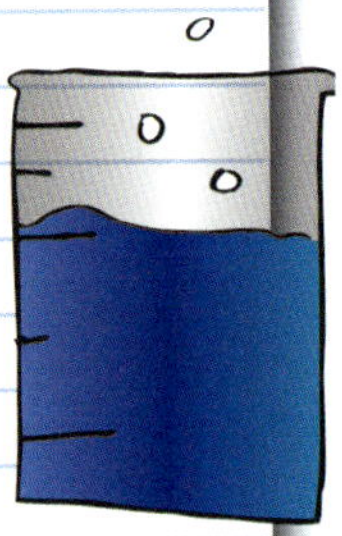

J'explique cela en page suivante !

Le code source à la loupe

Débogage : Comment faire lorsque le code source ne donne pas le résultat attendu, même si le compilateur accepte de le transférer sur la carte ? C'est un problème de logique ! Les premiers ordinateurs fonctionnaient avec des lampes qui chauffaient, et les câbles étaient isolés par du textile. Un local chauffé avec de la nourriture gratuite ? Toutes sortes d'insectes se sont repassé l'adresse pour grignoter les fils et provoquer des pannes. Et « insecte » se dit *bug* en anglais. Voilà pourquoi on parle de « bogue » (au masculin) pour les problèmes de programmes. (À ne pas confondre avec la bogue d'une châtaigne, même si c'est alors l'équivalent d'une coquille, mot qui peut désigner une faute, mais cette fois dans un livre imprimé !)

Débogage série : Le port série de l'Arduino est comme un canal de discussion privé entre la carte et le logiciel atelier IDE sur ton ordinateur. Tu peux ouvrir une conversation en ajoutant l'instruction suivante dans `setup()` :

```
Serial.begin(9600);
```

À partir de ce moment, tu peux faire afficher quelque chose dans le Moniteur série avec ce genre d'instruction :

```
Serial.println("Tu peux me lire ?");
```

Pour voir ce message, il suffit d'ouvrir dans l'atelier IDE la fenêtre du Moniteur série via son bouton. Tu peux répondre dans le Moniteur série avec la fonction `Serial.read()`.
Pour en savoir plus, regarde l'exemple **Exemples** > **Communication** > **ReadASCIIString** (bien qu'il serve plus à contrôler un périphérique qu'à faire la mise au point).

Les commentaires : pour se repérer dans le code

Pour aider à la compréhension des instructions d'un programme, tout bon programmeur ajoute des commentaires, par exemple pour expliquer à quoi sert une variable ou une fonction. Pour insérer un commentaire, il suffit de taper deux barres obliques `//`. Jusqu'à la fin de la ligne, tout ce qui suit sera ignoré par le compilateur.

```
/* Un commentaire en bloc peut s'étaler sur plusieurs lignes sans
devoir répéter les //, mais il faut l'ouvrir avec /* et le fermer
avec */, comme ici. */
```

Le tableau : un paquet de variables

Tu as appris au projet précédent qu'une variable servait à mémoriser une valeur, comme une note griffonnée sur un bout de papier. Quand il y a plusieurs valeurs du même type, c'est tout un carnet de notes qu'il faut gérer. On appelle cela un **tableau**. Pour déclarer un tableau, il suffit d'ajouter des crochets droits `[]` à la suite du nom (regarde l'illustration ci-contre).
Pour accéder à une des variables, il suffit d'indiquer le nom du tableau suivi du numéro de la variable entre crochets, en partant de zéro.
Suppose que tu veuilles relire la valeur de la troisième variable du tableau. Il suffit d'écrire `tab[2]` qui, dans l'exemple, contient un `B`. Tu peux même automatiser l'accès à chaque variable en utilisant une autre variable entre les crochets au lieu d'une valeur fixe. Cette valeur doit être d'un type numérique entier `int`, et toutes les variables du tableau doivent contenir le même type de valeur. La taille du tableau n'est pas infinie, mais cette limite ne va pas te gêner pour le moment.

```
char tab[] = {'E','J','B'};
```

Entrées analogiques, sorties numériques, c'est é-pattant !

La plupart des contacts des deux grands connecteurs de la carte Arduino sont directement reliés à des pattes du microcontrôleur au centre de la carte. C'est pourquoi nous parlons plutôt de broches d'entrée/sortie que de contacts. Ce sont ces broches qui permettent de faire dialoguer Arduino avec le monde extérieur.

La tension d'une entrée analogique se règle finement avec un potentiomètre.

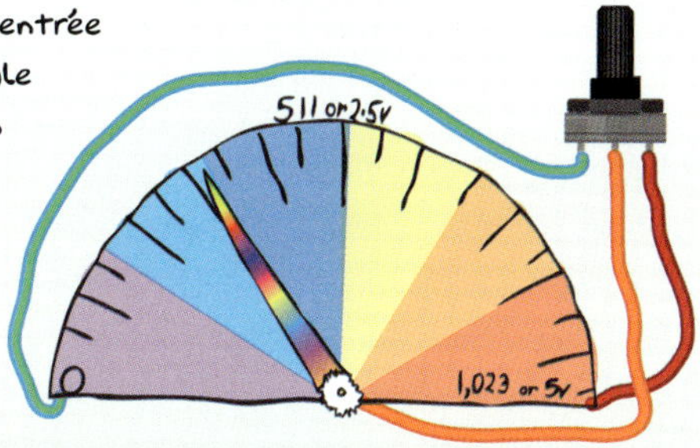

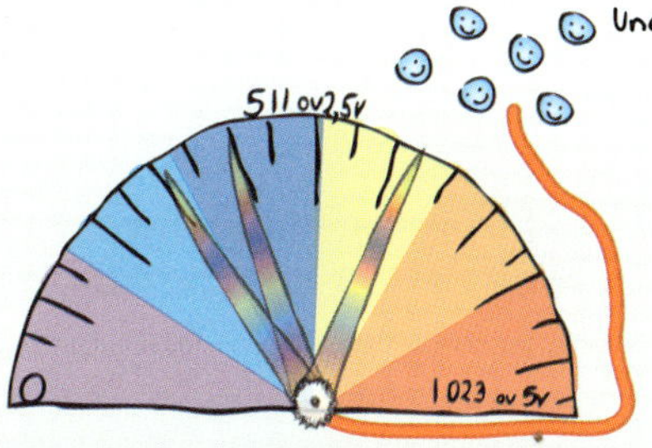

Une entrée analogique debranchée capte les interférences.

Mais comment le projet fait-il pour passer d'une note à une autre alors qu'il n'y a rien en entrée ? En utilisant le bruit ! Les broches d'entrée analogiques sont sensibles aux fluctuations. Dans le premier projet, c'est un potentiomètre qui permettait de bien choisir quelle tension entre 0 et 5 V nous voulions faire lire par le programme. Dans ce deuxième projet, les broches analogiques flottent. Rien ne contrôle la tension lue sur les contacts. C'est pourquoi la valeur que nous lisons change au hasard, en fonction du niveau de bruit électronique. En effet, l'électricité est présente partout, et se disperse selon son bon vouloir. Il y en a même dans ton corps (ce que tu peux vérifier en touchant les contacts) !

On joue ?

Expérimente avec RoboDoc

Dans la science, il y a toujours des questions. En voici quelques-unes pour toi.

Comment rendre la musique du hasard intéressante ? Par le choix des notes ? Par la vitesse ?

- D'abord, une règle d'or : dans la science, il faut répéter les expériences. Tu dois faire de nombreux essais du projet.
- Demande ensuite à tes amis quelles mélodies ils préfèrent. Si tu fais jouer les notes moins vite, est-ce que c'est mieux ? Si tu modifies les variables pour augmenter la variété des notes, est-ce que cela change quelque chose ? Si tu sais lire une partition, limite ton tableau de notes à celles d'une mélodie connue.
- Si tu interroges suffisamment de personnes, tu devrais pouvoir déterminer ce qui rend une mélodie plus intéressante qu'une autre.

Quelle est la plage de sons que tu peux entendre ? As-tu une meilleure oreille que tes amis ou que les adultes ?

- Les nombres dans le tableau du programme sont exprimés en hertz (Hz), c'est-à-dire en nombre de vibrations par seconde.
- Pour changer la mélodie, il suffit de modifier les valeurs dans ce tableau. Essaie des nombres très petits, comme 200, et d'autres très grands, comme 10 000 ou 15 000. Tu n'entendras peut-être pas les sons très graves, mais tu les sentiras sous ton doigt.
- Fais des recherches sur les possibilités de l'oreille humaine et découvre tes propres limites, surtout dans les aigus !

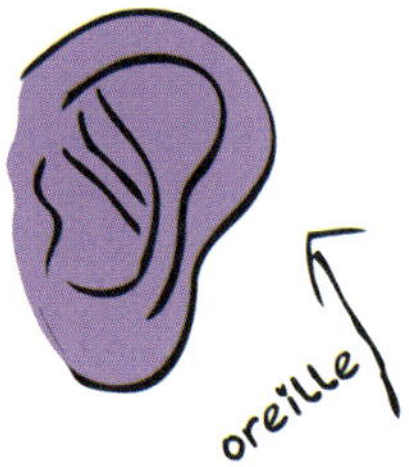

Relève les défis de RoboBricolo

Voici quelques astuces pour rendre ton projet plus pratique et mieux organisé.

Protège le projet dans une boîte, de préférence en plastique, avec assez de place pour la pile et un connecteur pour jack de casque.

- Si tu prends une boîte en fer, pense à l'isoler pour ne pas détruire ta carte Arduino !
- En faisant attention, tu peux faire un trou dans un des côtés de la boîte pour y installer une embase de connecteur jack pour casque. Le projet aura ainsi un aspect mieux fini.

Ajoute un bouton de sonnette pour déclencher une mélodie aléatoire à chaque appui.

- Il faut te procurer un bouton et apprendre à modifier le programme pour ne déclencher la mélodie que lors de l'appui. Inspire-toi de l'exemple **Fichier** > **Exemples** > **Digital** > **Button**.

Relie chaque entrée analogique, le 5 V et la masse GND à des punaises sur une petite planche.

- Avec un peu de pratique, tu pourras presque t'en servir comme d'un petit piano.

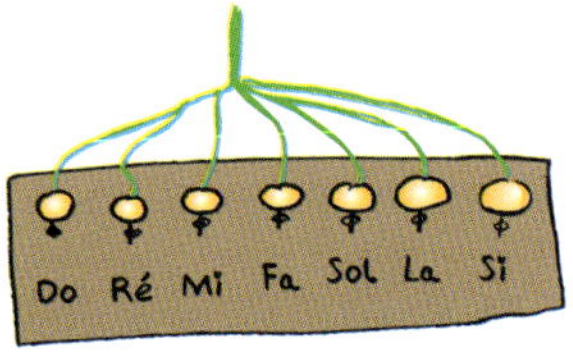

Relève les défis de RoboCodeur

Voici des défis plus sophistiqués qui raviront les curieux et les apprentis savants fous !

Ajoute un bouton et un potentiomètre pour modifier les notes et le style de la mélodie.

- Tu peux déclarer plusieurs tableaux de notes, et en choisir un en fonction d'une action. Et puisque les notes ne sont que des valeurs, tu peux les transformer par addition et soustraction en fonction du résultat d'une entrée analogique.
- Vois l'exemple **Exemples** > **Digital** > **Button**.

Ajoute un capteur de distance pour jouer des notes sans toucher l'instrument.

- Tu trouveras dans le commerce de petits capteurs de distance à ultrasons ou à infrarouge. Ils fonctionnent en émettant un signal ultrasonore ou lumineux puis en mesurant le temps mis pour capter un écho.
  - Avec un tel capteur branché sur ton Arduino, tu peux récupérer la valeur de chaque demi-seconde et la convertir en une note à jouer, un peu comme un thérémine (instrument de musique électronique dont on joue en déplaçant ses mains autour, sans le toucher) !
  - Vois l'exemple **Exemples** > **Sensors** > **Ping**.

Tu peux transmettre les notes sous la forme d'un message MIDI pour contrôler un instrument externe ou une carte son.

- Les instruments de musique modernes utilisent un système de communication appelé MIDI. C'est un ensemble de messages qui permettent à deux instruments de dialoguer en spécifiant la hauteur, la durée et le volume des notes.
- Avec le code source adéquat, tu peux ainsi contrôler les notes que jouent un piano ou une batterie électronique s'ils sont compatibles MIDI. Cela t'ouvre un vaste champ de possibilités !
- Vois l'exemple **Exemples** > **Communication** > **MIDI**.

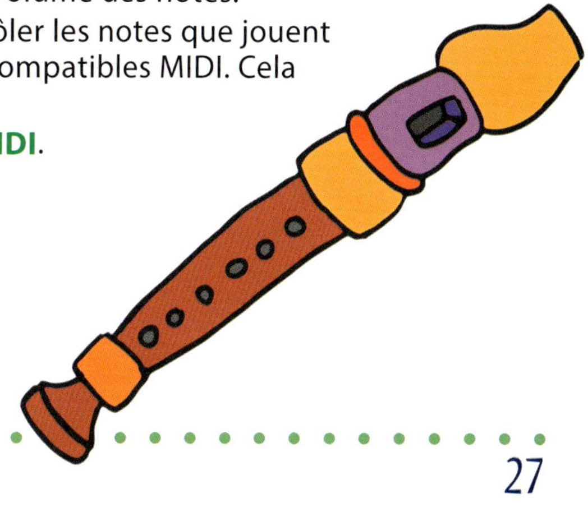

Instruis-toi avec RoboMalin : ce n'est pas de la magie, mais de la science !

Comment peut-on émettre des sons sur un haut-parleur de la même manière que l'on fait clignoter une diode LED ? En fait, c'est toujours le même principe. Les sorties numériques de l'Arduino ne peuvent être que soit allumées (*On*), soit éteintes (*Off*), mais le changement d'étape est très rapide. Sous forme graphique, cela correspond à de petits créneaux, et c'est d'ailleurs une **onde carrée**.

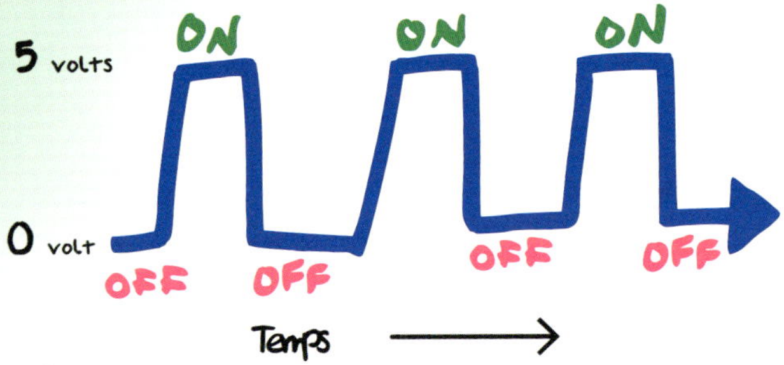

Onde carrée

0 volt

5 volts

Un haut-parleur est généralement constitué d'une bobine de fil de cuivre très fin ainsi que d'un aimant permanent. Lorsque la sortie de l'Arduino envoie la tension 5 V vers la bobine, cela l'éloigne ou la rapproche de l'aimant (en fonction du sens de branchement des deux fils). Lorsque la tension retombe à 0, ce mouvement s'inverse : 5 V = déplacement, 0 V = retour à l'équilibre. Et cela continue sans cesse. En provoquant ces allers-retours rapidement, tu génères des *sons*. Tu envoies au haut-parleur une **onde carrée** à une certaine fréquence au moyen de la fonction `tone()`. La valeur est exprimée en hertz (**Hz**). Plus elle est élevée, plus le son est aigu.

Dans le début du code source de ce projet, nous avons défini un tableau de valeurs entières portant le nom `notes`. Chacune des valeurs est fournie à la fonction `tone()` qui se charge de l'envoyer vers le haut-parleur. Ce ne sont pas des nombres au hasard, mais les valeurs des notes des deux **octaves** de la gamme de **do majeur**.

Le nombre de vibrations par seconde des cordes pour les touches blanches d'un piano est le même que le nombre de vibrations que tu peux émettre avec ce projet. Dans l'exemple, nous commençons avec le do du milieu puis nous montons. Notre projet n'obéit pas à des règles de composition musicale, mais il ne joue qu'avec les notes de cette gamme. Tu peux tout à fait le reprogrammer pour qu'il utilise une autre **gamme musicale**.

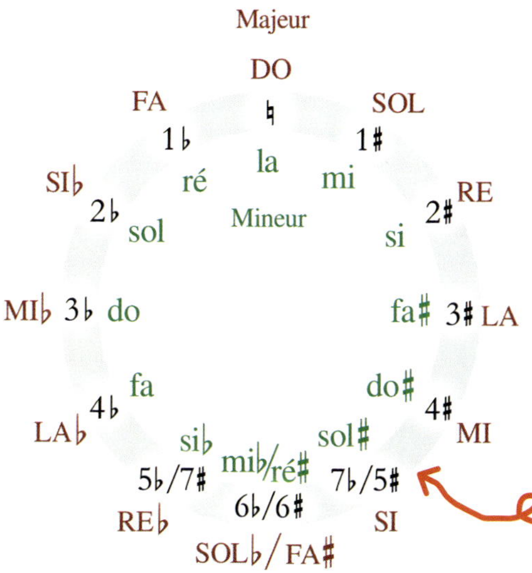

Valeurs arrondies au prochain hertz pour simplifier.

Mots-clés

OCTAVE : série de huit notes entre deux notes, généralement un do grave et un do aigu. On dit que le second do est à une octave de distance du précédent (dont il est deux fois plus aigu).

GAMME : série de notes jouées dans l'ordre do, ré, mi, fa, sol, la, si. Sur les touches blanches d'un piano, c'est la gamme de do majeur.

Cet étrange schéma est le cercle des quintes. Il permet de connaître les relations des différentes gammes les unes par rapport aux autres. En le lisant, tu peux en déduire des choses intéressantes quant à la musicalité des notes et de l'harmonie. Traverser le cercle par le centre provoque un saut peu harmonieux entre deux gammes opposées. Pour rester harmonieux, il faut passer d'une gamme à la suivante en faisant le tour.

PROJET 3

LE TAPOTEUR !

Pour notre troisième projet, je te propose de construire un tapoteur. Il suffit de tapoter sur le haut-parleur branché sur la carte Arduino pour entendre jouer une mélodie sur ce même haut-parleur. Nous allons ainsi découvrir comment utiliser le haut-parleur en entrée *et* en sortie ! Tu pourras ensuite personnaliser le projet pour déclencher un autre événement.

Composants nécessaires

- La carte Arduino, évidemment.
- Un ordinateur sous WIndows, Linux ou MacOS.
- Un câble USB pour relier l'Arduino à l'ordinateur.
- Un petit haut-parleur.

- Une LED brillante. C'est facultatif, mais ça embellit le résultat.

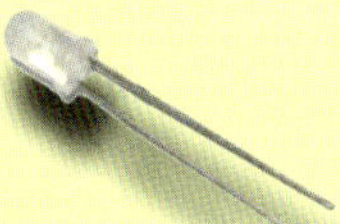

L'atelier Arduino doit être installé et prêt à fonctionner.

EMPLETTES

J'ai déjà indiqué dans les projets précédents où trouver les pièces.

Tu trouveras toutes les infos utiles à la fin du livre.

Construis le projet

1. Branche deux fils entre le haut-parleur et la carte Arduino.

Insère un des deux fils, n'importe lequel, dans la broche de masse GND du bas, près des broches analogiques. Branche l'autre fil dans la broche analogique A0 en bas. Le choix de la broche analogique aura un effet sur la sensibilité du haut-parleur au tapotement (tu feras des essais). Branche une diode LED entre la broche 13 et la masse GND du haut (la patte longue dans la broche 13). Tu peux t'épargner de brancher la LED si tu te contentes de celle soudée sur le circuit (marquée L).

2. Saisis le code source ci-dessous dans l'atelier IDE, puis clique Vérifier et Téléverser.

3_Tapoteur

```
/**** Tapoteur ****/
int brLED = 13;     // Broche pour la LED, si tu en ajoutes une
int brTapote = A0; // Broche d'entrée analogique branchée au haut-parleur
int cptTapote = 0; // Compteur pour mémoriser le nombre de tapotements

void setup() {
  pinMode(brLED, OUTPUT); // La broche de la LED est une sortie.
}

void loop() {
  // Tapotement détecté ?
  if (analogRead(brTapote) > 50) {
    cptTapote++; // Ajoute 1 au compteur cptTapote.
    digitalWrite(brLED, HIGH); // Confirme la détection avec la LED.
    delay(250); // Pause d'un quart de seconde pour que le haut-parleur revienne.
  } else {
    digitalWrite(brLED, LOW); // Éteint la LED si rien n'est détecté.
  }
  // Attention : "=" stocke une valeur, "==" la compare à une autre valeur !
  if (cptTapote == 3) {
    digitalWrite(brLED, HIGH); // Allume la LED après 3 tapotements.
    pinMode(brTapote, OUTPUT); // Reconfigure l'entrée analogique en sortie.
    jouer(262);                // Joue une mélodie. La reconnais-tu ?
    jouer(196);
    jouer(196);
    jouer(220);
    jouer(196);
    jouer(247);
    jouer(262);

cptTapote = 0; // Remet cptTapote à 0 pour le prochain tour.
    pinMode(brTapote, INPUT);
  }
}

// Notre fonction personnelle. Elle émet un son pendant un quart de seconde.
void jouer(int hz) {
  tone(brTapote, hz);
  delay(150);
  noTone(brTapote); // Silence pour séparer les notes
  delay(1);
}
```

Dans la page de téléchargement du livre, tu trouveras le code source de cet exemple, mais je te conseille de tout saisir toi-même (éventuellement sans les commentaires) : pour programmer, il faut s'entraîner à taper au clavier !

TESTE LE TAPOTEUR

Le programme demande à notre Arduino de tester s'il y a eu une petite présence de tension sur la broche analogique A0, ce qui signifie que tu as tapoté le haut-parleur (car cela a fait bouger la bobine). Une fois que ce tapotement est détecté, nous augmentons de 1 la valeur de notre variable compteur `cptTapote`.

Il faut patienter un peu avant de faire une autre lecture parce que le haut-parleur agit comme un ressort, et nous risquerions de capturer plusieurs rebonds inutiles. Une fois cette pause écoulée, nous vérifions la valeur de la variable `cptTapote` pour savoir si elle a atteint le nombre de tapotements prévu. Si c'est vrai, nous déclenchons un événement. Ici, nous reconfigurons la broche d'entrée en broche de sortie, puis émettons un petit son sur le haut-parleur par cette broche analogique. C'est ici que tu peux ajouter d'autres instructions pour réagir au tapotement. Tu peux, par exemple, déclencher la mise sous tension d'un appareil avec un relais pour allumer les lumières, ou bien d'autres choses encore.

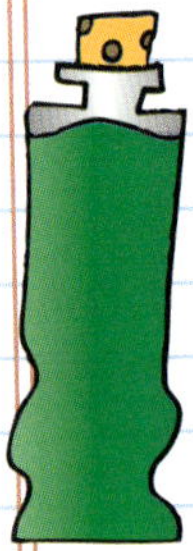

Tu trouveras sur le Web des tonnes d'idées de ce qu'il est possible de piloter à partir d'un événement. Il est possible, par exemple, de concevoir une alarme de porte d'entrée, une batterie, ou un métronome.

Le code source à la loupe : calculs et fonctions

Tu ne seras pas étonné(e) d'apprendre que les ordinateurs sont très forts en arithmétique. Il suffit d'écrire les équations dans un format compréhensible par le compilateur pour que le microcontrôleur les résolve à la vitesse de l'éclair !

L'arithmétique Arduino : le format adopté par Arduino pour les équations mathématiques et arithmétiques est presque le même que celui utilisé par les humains. Les rares différences ne vont pas poser problème. Les voici :

-	Soustraction
+	Addition
/	Division
*	Multiplication
=	Égalité
%	Modulo°

° Le modulo est le reste d'une division entre deux nombres.

En Arduino, les calculs commencent toujours par le résultat de l'opération. Si tu veux par exemple multiplier par deux la valeur d'une variable portant le nom truc, il faut écrire quelque chose du style « truc = deux fois truc ». Dans le code source, cela correspond à cette équation : `truc = truc * 2`.

Voici quelques règles pour bien commencer :

- Le langage C de l'Arduino n'a pas besoin du signe =. Si tu écris 1 + 4, ou 1 + (2 * 2), le compilateur va faire le calcul et utiliser la valeur 5. Attention à l'ordre des opérations !

```
g = g * 1023 * 7;
```

- Tu peux indiquer le nom d'une variable à la place d'un nombre si cette variable est de type numérique :

```
int g = 6;
g = g * 2;
```

g vaut maintenant 12 !

- Pour ajouter ou enlever 1, tu disposes de deux opérateurs raccourcis, ++ et -- :

```
g++; // g vaut 13
g--; // g vaut à nouveau 12
```

Un petit défi !

Essaie de deviner ce que contient la variable `maVar` à la fin de chacune des quatre instructions suivantes. Chaque exemple suppose que `maVar` contient au départ la valeur 3.

```
int maVar = 3; // Déclare maVar du type entier avec la valeur initiale 3
```

A. `maVar = maVar + 4 + maVar;`

B. `maVar = (42 / 6) * 2;`

C. `maVar = 10 % maVar;`

D. `maVar = 12 + (5 % 5)-(3 * (2+2));`

Réponses : A. 10, B. 14, C. 1 D. 0

Indispensables fonctions :

Dans tes premiers programmes, tu vas réutiliser du code source écrit par d'autres, et donc des fonctions prédéfinies. Mais tu vas vite apprendre que tu peux définir toi aussi de nouvelles fonctions. C'est très facile !

Pour te le prouver, voici le corps de la fonction spécifique de notre projet qui émet un son pendant un quart de seconde :

Type de valeur renvoyée

Le premier mot de la première ligne de la fonction indique le type de ce que la fonction renvoie une fois qu'elle a exécuté sa dernière instruction. Dans l'exemple, nous jouons le son et n'avons pas de valeur à renvoyer. Nous indiquons donc `void` (qui signifie « vide »).

```
void jouer(int hz) {
 tone(brTapote, hz);
 delay(250);
}
```

Nom de fonction

Ici, le nom est `jouer`. Pour appeler la fonction, il suffit d'indiquer ailleurs dans le programme ce nom suivi de son jeu de parenthèses avec une valeur à l'intérieur. On parle d'un appel de fonction.

Code de la fonction

Les deux accolades marquent le début et la fin du corps de la fonction qui englobe toutes les instructions qui sont exécutées quand tu vas appeler la fonction. Une fois passée l'accolade fermante, le programme retourne où il était et se poursuit à partir de l'instruction qui suit celle qui a appelé la fonction.

Variable globale

Les variables qui sont déclarées tout au début du code source sont dites globales. Celles qui sont déclarées dans une fonction sont utilisables seulement dans cette dernière, et sont dites locales.

Arguments ou paramètres

C'est entre les deux parenthèses que tu indiques la ou les valeurs. Dans la déclaration de la fonction, tu saisis le nom de la variable locale qui va recevoir la valeur transmise lors de l'appel. Si tu écris un appel `jouer(262)`, cela va déclencher cette fonction en lui transmettant la valeur numérique 262 qui sera placée dans la variable locale `hz`.

On joue ?

Expérimente avec RoboDoc

Voici quelques questions scientifiques pour t'inciter à aller plus loin.

Qu'est-ce qu'une onde sonore ? Qu'est-ce qui la distingue d'un tapotement ?

- Est-ce qu'un haut-parleur marcherait dans le cosmos ?
- Est-ce qu'une onde sonore peut être plus puissante qu'un tapotement ? (Astuce : cherche du côté du concept d'onde de choc.)

Quel est le plus léger tapotement que tu puisses faire détecter ? Comment pourrais-tu mesurer la force de tes frappes ?

- Les entrées analogiques de l'Arduino sont assez sensibles et permettent d'effectuer ce genre de mesures, mais n'oublie pas que nous ne captons que du bruit électronique.

À quelle vitesse le son traverse-t-il certains objets ? En quoi tes frappes seraient-elles modifiées si tu intercalais des feuilles de papier ou de carton sur le haut-parleur ?

- Remplis un tableau avec les valeurs mesurées pour étudier l'évolution au cours du temps. Tu vas repérer des pics et des creux, comme des échos ou des rebonds. Sais-tu pourquoi ?

Relève les défis de RoboBricolo

Voici quelques astuces pour améliorer l'aspect du projet et mieux t'organiser.

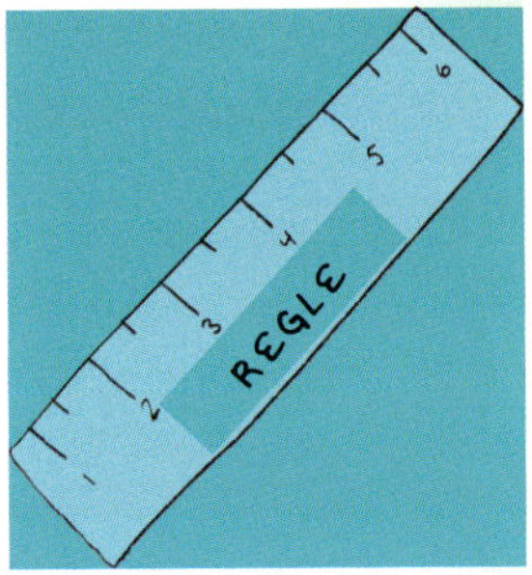

Colle une règle sur le haut-parleur avec du ruban adhésif pour déclencher le bruit avec quelque chose de plus léger que tes doigts.

Installe le haut-parleur à la sortie d'un circuit de billes pour déclencher les bruits par les billes qui tombent.

Ajoute un microphone et du code pour émettre un son quand quelqu'un se met à parler.

Relève les défis de RoboCodeur

Et voici des défis plus sophistiqués si tu n'as pas peur de te plonger dans le codage !

Rends le déclenchement programmable avec des tapotements.

- Astuce : on compte, on mémorise et on teste.
- Ne lance le déclenchement que lorsque la séquence de tapotements correspond à un code secret.
- Astuce : tu as déjà de quoi compter le temps ; commence par un code court.

Tape le rythme d'une chanson, puis fais une pause et rejoue la chanson correspondante.

- Astuce : ce qui compte, c'est la durée entre les notes.

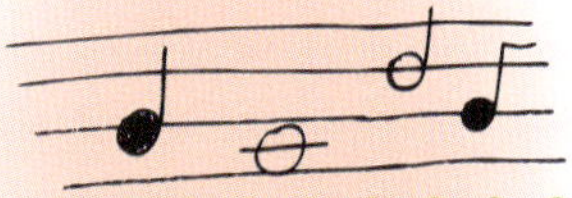

Instruis-toi avec RoboMalin : l'électromagnétisme

Mais par quelle magie un haut-parleur, qui est un périphérique de sortie, peut-il transmettre des données en entrée d'un Arduino ? Grâce au principe de l'**électromagnétisme** !

Quand nous avons envoyé un peu d'électricité dans le haut-parleur avec la fonction `tone()`, le courant dans la bobine a créé un champ électromagnétique qui a interagi avec le champ de l'aimant. La bobine s'est déplacée et le cône de papier avec, ce qui a poussé l'air, déclenchant une onde sonore. Mais ce phénomène est **réversible** !

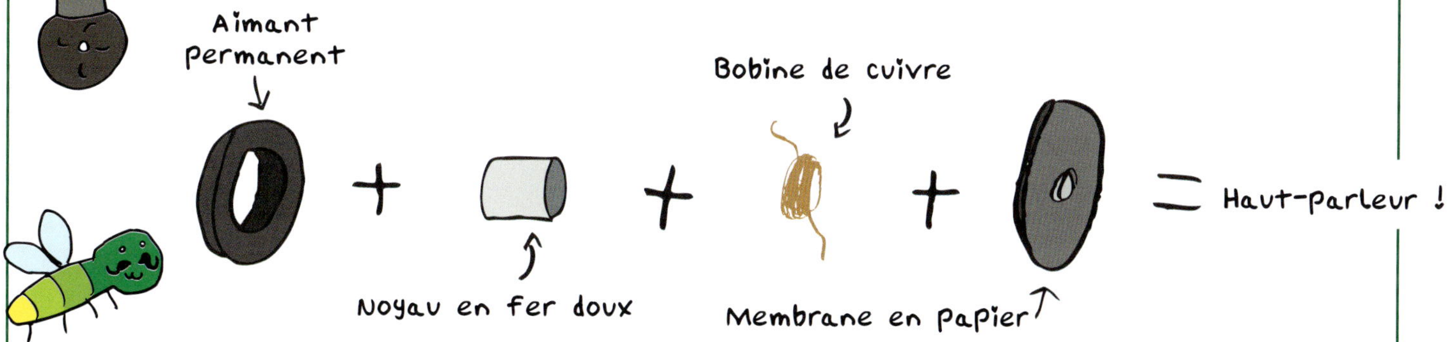

Quand tu as tapoté du doigt la membrane du haut-parleur du projet RIFF, la bobine s'est déplacée dans le champ de l'aimant, ce qui a généré un tout petit peu d'électricité dans le fil. C'est le principe du microphone ! Si tu parles devant le haut-parleur, tu produis trop peu de courant pour qu'il soit détecté. Voilà pourquoi un geste plus fort avec un doigt peut être détecté par une entrée analogique de l'Arduino.

C'est le même principe qui permet de transformer un moteur électrique en générateur d'électricité, par exemple entraîné par le vent via les pales d'une éolienne. De l'énergie mécanique (ton doigt qui pousse ou le vent qui fait tourner les pales) devient de l'énergie électrique. Maintenant que tu sais cela, fais des essais !

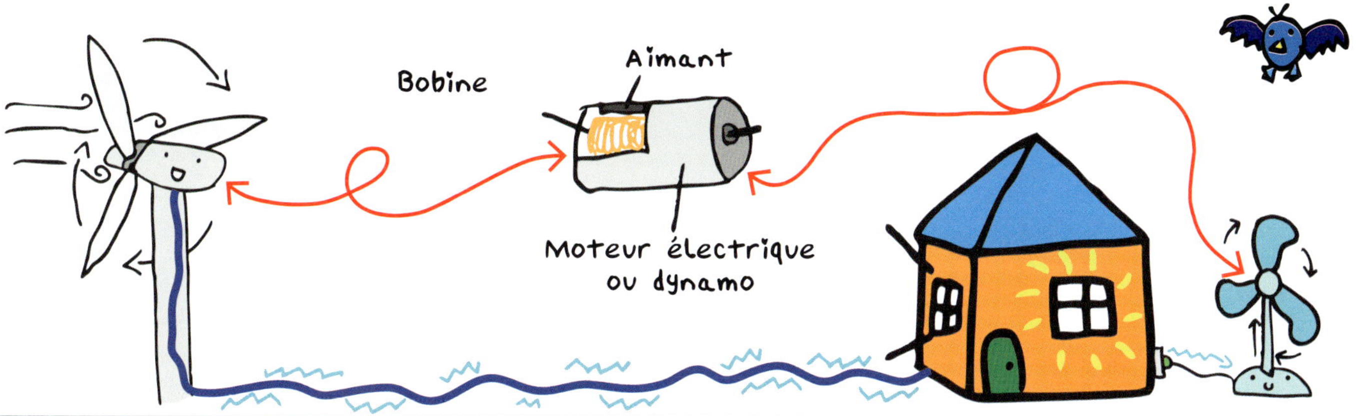

POUR ALLER PLUS LOIN

Tu cherches d'autres exemples de projets amusants à réaliser avec ta carte Arduino ou de l'aide pour les projets du livre ? J'ai rassemblé tout cela sur cette page, n'hésite pas à y faire un tour.

D'autres projets Arduino

Tu as soif de nouvelles idées ? Je suis comme toi, et j'aime tellement le monde de l'Arduino ! Voici une sélection de cinq idées. Bien sûr, tu en trouveras d'autres sur la Toile !

- **Un ruban de LED RVB** : ton Arduino peut contrôler une par une les LED d'un ruban tricolore rouge-vert-bleu ! Tu peux écrire un programme d'animation puis rendre le montage portable et le fixer à un chapeau ou une broche.
- **Une alarme de porte** : ton Arduino associé à un capteur de distance peut être programmé pour détecter une présence et déclencher une alarme sur un buzzer, avec des LED qui clignotent ou même en affichant un message sur un petit écran LCD.
- **Une voiture autonome** : associe un module GPS à ton Arduino et installe le tout dans une voiture radiocommandée. Programme-la pour qu'elle aille seule d'un point à un autre.
- **Arduino go** : crée un jeu de piste. Ajoute un écran LCD pour afficher le temps et des alarmes, un buzzer piézo et un GPS. Dès qu'une alarme se déclenche, tu dois te rendre au plus vite à l'endroit indiqué pour la valider !
- **Arduinours** : place le montage Arduino dans un ours en peluche, ajoute des LED et une carte d'extension (*shield*) audio WAV de Adafruit pour le faire parler. Tu peux aussi ajouter une fonction Bluetooth et tout contrôler depuis ton telliphone ou via Internet. Un ours qui tweete ? :D

Où trouver les composants et le code source ?

Pour le code source, va sur le site de l'éditeur du livre (**www.editionsfirst.fr**) puis recherche le titre de ce livre (en cliquant le bouton de loupe). Une fois sur la fiche du livre, clique l'icône de téléchargement des fichiers.

Le site de SparkFun propose un kit avec toutes les pièces requises pour les trois projets (**sparkfun.com/sylviakit**) et tu peux y acheter toutes sortes de composants. Seul hic : comme il est situé aux États-Unis, la livraison risque de coûter cher. Nous avons donc établi un partenariat avec la société RAM à Paris. Va sur le site **vdram.com** et choisis **Kit Sylviarduino**.

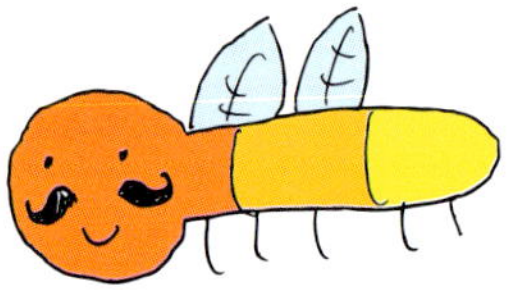

En France, tu peux t'approvisionner sur les sites suivants (certains ont une boutique réelle) :

- **vdram.com** (boutique à Paris 12) ;
- **lextronic.fr** (boutique à La Queue-en-Brie à l'est de Paris) ;
- **gotronic.fr** (boutique à Blagny dans les Ardennes) ;
- **boutique.semageek.com** (siège dans les Bouches-du-Rhône) ;
- **conrad.fr** (boutique à Lille Englos) ;
- **letmeknow.fr** (boutique à Paris) ;
- **robotshop.com/eu/fr/** (siège à Mirabel au Québec, mais avec des bureaux en France).

Pour la liste complète des revendeurs, va sur la page (en anglais) **www.arduino.cc/en/Main/Buy**.
Aux États-Unis, les sociétés Adafruit et MakerShed vendent tout ce qui est utilisable avec un Arduino.

Ressources sur le Web

www.arduino.cc – Le site officiel Arduino. Il propose des exemples, des tutoriaux et des forums d'aide avec une section en français. Quelques autres sites, mais en anglais : **makezine.com**, **instructables.com** et **lilypadarduino.org**

Autres livres

Chez le même éditeur (First) :

- *Arduino pour les Nuls* de John Nussey,
- *Projets Arduino pour les Nuls* de Brock Craft,
- *Programmer Arduino en s'amusant* d'Olivier Engler,
- *Programmer pour les Nuls* de Wallace Wang (pour progresser dans l'écriture des programmes).

Chez l'éditeur Dunod : *Démarrez avec Arduino* de Massimo Banzi (co-créateur de l'Arduino).

J'espère que tu as pris autant de plaisir avec ce livre que moi à l'écrire !

Avant d'en ouvrir un autre, à toi d'explorer le monde et de concevoir quelque chose ! :D

NOTES PERSONNELLES

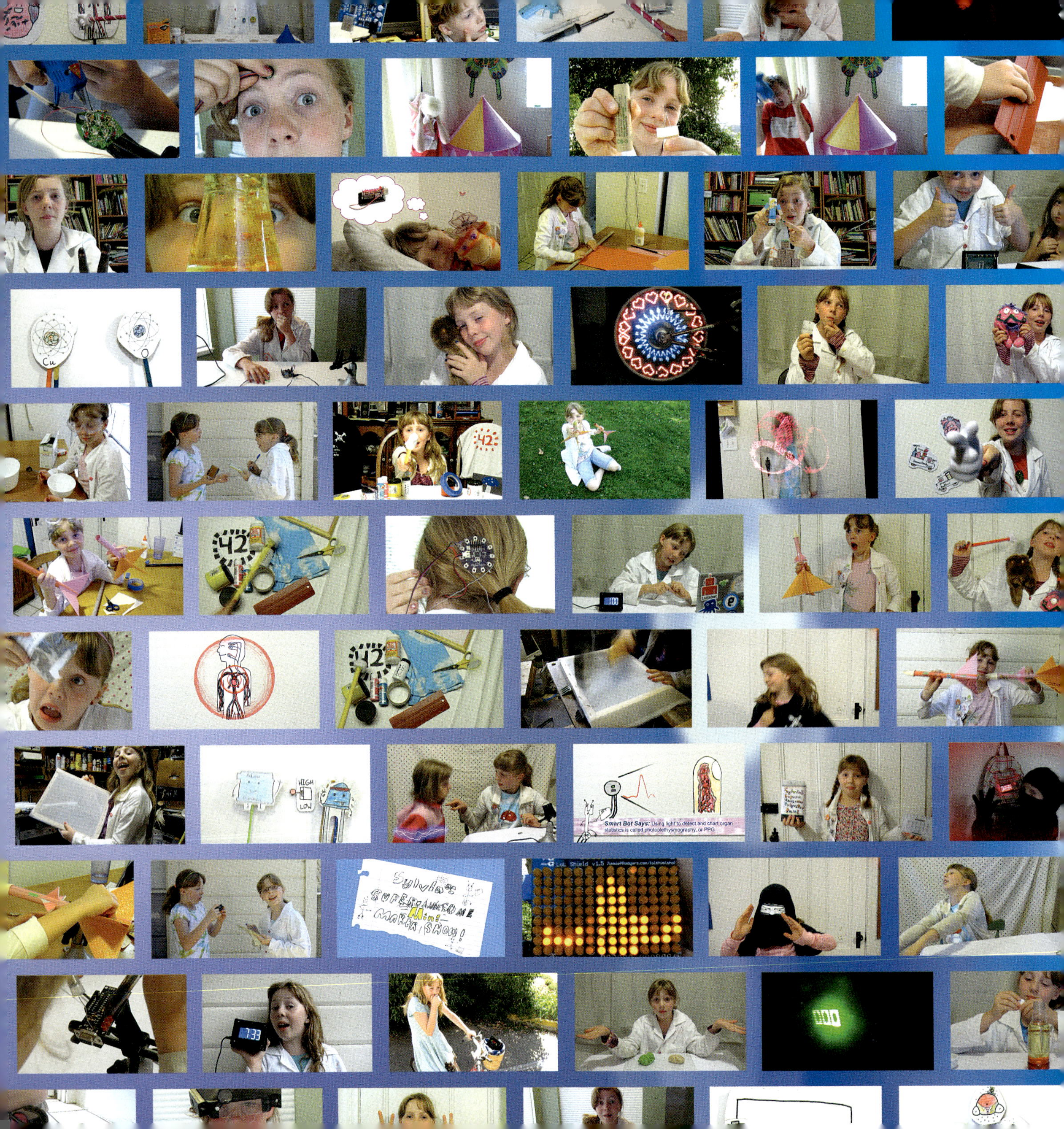
Cu
42
HIGH
LOW
Smart Bot Says: Using light to detect and chart organ statistics is called photoplethysmography, or PPG
LoL Shield v1.5